CW01660476

Un petit tour
en Languedoc

Portrait d'Henry James, par un photographe anonyme, vers 1900.

Collection « Lettres du Languedoc »
dirigée par Patrice Cartier

Henry James

Un petit tour en Languedoc

Préfacé et traduit
de l'anglais (États-Unis) par
Jean Pierre Piniès

Illustré par
Joseph Pennell

pimientos

A LITTLE
TOUR IN
FRANCE
by HENRY JAMES

A LITTLE TOUR IN FRANCE

BY HENRY JAMES

WITH ILLUSTRATIONS
BY JOSEPH PENNELL

BOSTON AND NEW YORK
HOUGHTON, MIFFLIN AND COMPANY
1900

PRÉFACE

par Jean Pierre Piniès

Henry James ou les vertus du désenchantement

Une France mythique

Le destin, faisant bien les choses ou se plaisant parfois à les annoncer, conduisit Henry James en France, dès l'année de sa naissance, en 1843, lors du périple européen décidé par son père ; mais sans doute cette première incursion ne lui laissa guère de souvenirs, au contraire de la deuxième, une dizaine d'années plus tard. L'enfant découvre alors véritablement, sinon la France, du moins sa capitale qui exercera sur lui une fascination, déterminante pour ses goûts, et qui ne prendra jamais vraiment fin, à travers deux hauts lieux, le palais du Luxembourg et surtout le Louvre dont le style et la gloire, écrit-il plus tard « me submergeaient et m'anéantissaient ». S'il est impossible d'accorder une patrie d'adoption à ce « vagabond lumineux », à ce voyageur impénitent, il faut cependant convenir que la France, si l'on en juge au nombre et à la durée de ses séjours, a tenu une grande place dans ses pérégrinations et dans son cœur, même si elle ne vient sans doute qu'après l'Italie et l'Angleterre. La France donc, mais surtout Paris et ses musées, ses théâtres, les cercles américains et, bien entendu, ses cénacles littéraires. Il faut avouer que dans ce dernier domaine qui lui tenait tant à cœur, la déception et l'amertume qui s'ensuivit l'emporteront sur l'enthousiasme, et ce pour plusieurs raisons. Par son écriture et la place qu'il accorde à la psychologie des personnages, James se trouve fort éloigné du réalisme puis du naturalisme qui triomphent alors dans les lettres, et Zola, par exemple, qu'il croise à plusieurs reprises, tient pour lui, par sa trivialité, du mystère. Il fréquente certes un Flaubert vieillissant qui l'accueille avec chaleur, mais il sent bien toute la distance qui le sépare de cette école.

Au demeurant, par-delà toutes les marques de courtoisie qu'ils peuvent lui prodiguer, ses confrères lui laissent entendre qu'il ne pourra jamais vraiment être des leurs, qu'il peut être reçu par les Goncourt, mais que pour eux et leurs commensaux il restera toujours un Huron, acteur et témoin d'une Amérique aux relents de sauvagerie qui ne saurait produire de véritables « auteurs », fût-ce, comme lui, au prix d'une sincère anglicisation qui en fait un véritable Européen. De fait, dans ce milieu bien particulier, si James put revendiquer un ami, c'est un autre « étranger » comme lui, Tourgueniev, à qui le liera une solide complicité.

Pour autant James est bien conscient que la vie mondaine de Paris et ses cénacles ne représentent pas toute la France et qu'il faut chercher ailleurs si l'on veut faire le portrait des Français, de leurs mœurs et de leur caractère. Ainsi, en 1882, il se rend à Étretat où, costumé en pêcheur, il s'applique, au cours de longues excursions, à observer les baigneurs, les différences entre les matrones américaines en villégiature et les femmes du cru, s'essayant aussi à cerner au plus près les contours de l'institution de la jeune fille. Mais c'est quelques mois plus tard, invité chez de riches amis dans le Gâtinais, qu'il croit découvrir la France profonde lors de visites idylliques en compagnie de son hôtesse, sorties tout droit, il en convient, des romans les plus convenus :

« Hier je suis allé avec Madame faire la tournée des paysans dans deux ou trois villages où elle joue la Bonne Dame. C'était aussi réussi qu'un chapitre de La Petite Fadette *ou des* Maîtres sonneurs. *Nous avons fait une dizaine de visites, dans une dizaine de petites cuisines étranges, noircies par la fumée, comportant un grand lit et une grande horloge, et partout je fus charmé par le tempérament des gens : leurs*

bonnes manières, leur côté suranné, leur bonhomie et la façon dont ils faisaient l'honneur de leur petite hutte ».

Il complète son excursion par un séjour à Biarritz et Bayonne, poussant même une pointe en Espagne où, curieusement, cet anglo-saxon bon teint se laisse quelque peu séduire par les courses de taureaux. Tous ces déplacements conservent un aspect fortuit, sans grande portée autre que celle du divertissement et du loisir, au contraire du voyage en France entrepris en 1882.

Dans ce dernier cas il s'agit en effet d'une commande, et finalement d'une commande au sort incertain, puisque, au départ, c'est le rédacteur de Harper's Magazine *qui la lui avait suggérée et que c'est suite à son désistement que James allait vendre son travail, sous forme d'articles, au* New York Tribune, *avant de les réunir en volume sous leur titre définitif,* A little tour in France. *Il faut bien s'entendre sur le titre et insister sur ce qu'il a de restrictif car, en réalité, James n'entend pas livrer un texte sur les provinces de France dans leur ensemble mais se limiter à l'Ouest et au Sud. Il est délicat de déterminer les raisons précises de son choix mais il est possible d'avancer que c'est, entre autres, la richesse de ces régions qui l'a poussé à le faire, encore qu'il ne faille pas donner au mot « richesse » le sens que lui avait donné un Arthur Young, mais y voir plutôt leur abondance monumentale et la force de leur inscription dans l'histoire de France, aussi bien événementielle que littéraire. Le fantôme qui hante la première partie du voyage, c'est celui de Balzac à qui notre voyageur voue une admiration immense – il lui consacrera d'ailleurs une étude – et dont à Tours ou à Angers il recherche les personnages, les lieux qui les ont inspirés ou dans lesquels ils ont vécus. Au-delà de cette fascination intime, de l'hommage du romancier à un autre romancier, ce sont les vestiges et les musées – mais ceux-ci n'en sont-ils pas les réceptacles naturels ? – qui retiennent toute l'attention de James. L'intérêt vaut aussi bien pour l'Aunis et la Saintonge que pour le Languedoc : les temps mémorables commencent aux Romains et s'arrêtent à la Révolution avec les deux grandes étapes chronologiques du Moyen Âge et de la Renaissance. Cette distinction et cette partition, comme l'intérêt pour le monumental, qui peuvent apparaître aujourd'hui comme banals, ne le sont pas autant pour l'époque et sont, en tout cas, relativement récents. Quelque cinquante ans en arrière, James se serait arrêté au mieux aux traces lapidaires de l'Antiquité, indifférent à la grossièreté des constructions médiévales, voire des édifices religieux : il aurait négligé aussi bien les églises de Toulouse que la vieille ville ruinée de Carcassonne sur sa colline, les remparts d'Aigues-Mortes que les fontaines de Nîmes. Entre-temps, sous l'impulsion de Guizot, après 1830, la jeune Commission des Monuments Historiques, menée tambour battant par Prosper Mérimée, avait décidé des vestiges du passé qui devaient être sauvés et elle avait élargi le champ de la considération des thermes ou des plus prestigieux édifices romains aux traces médiévales ou aux châteaux de l'époque de François Ier. En 1851, elle avait envoyé les photographes de la Mission Héliographique, Baldus, Le Gray... fixer sur leurs plaques de verre ce qui méritait d'être retenu comme témoignage des temps anciens, ce qu'il était indispensable d'avoir vu, et notre voyageur anglo-américain n'aurait pas imaginé, en 1882, échapper à la règle et s'affranchir de cette doxa. Au mieux peut-il participer aux discussions qui opposent les partisans de Viollet-le-Duc et ceux de Ruskin : faut-il laisser les vestiges du passé en leur état jeter leurs derniers feux, afficher les blessures que leur ont infligées les hommes et le temps, ou bien les restaurer en s'efforçant de leur rendre leur aspect originel ? James l'Américain, heureux de retrouver le véritable visage du passé, pencherait plutôt pour cette option, mais l'Anglais d'adoption, déchiré par les méfaits de la modernité, est sans doute plus sensible à la perversité nostalgique de la ruine. Le dilemme, en tout cas, a pour mérite de nourrir en permanence la réflexion.*

Quant aux musées, ils sont le fruit d'une passion ancienne, qui remonte à l'enfance, et ils perpétuent le souvenir émerveillé des reproductions d'œuvres classiques qui ornaient la maison natale, aussi bien que les émois dus aux visites des grandes pinacothèques européennes. De toute façon un « honnête » homme ne saurait échapper à leur fréquentation assidue, ne serait-ce que pour faire preuve de son savoir quant à l'histoire de l'art, et notre auteur ne manque pas à cette obligation qu'il observe, au demeurant, avec beaucoup de complaisance et de sérieux. Ainsi à Florence, déclare-t-il, «je vais chaque matin au superbe musée des Offices pour communier avec les immortels». La même chose vaut pour Naples, Rome ou Paris...

Le paysage dans ces errances n'a en apparence qu'une faible part, mais, en fait, James lui attribue une place particulière d'arrière-pays, de décor qui fait souvent penser aux vues de la campagne romaine laissées par Corot et ses épigones. Toile de fond, pittoresque au sens premier du mot, il n'est que transition et répit dans le voyage qui, lui, est mouvement et discontinuité. Si l'on omet les attraits, cultivés dans les années de jeunesse, pour les sites sauvages et désolés pleins de gorges profondes, de cascades, de sentiers escarpés et vertigineux, l'essentiel du charme se retrouvera ensuite dans une certaine monotonie et surtout une mollesse permanente des formes, depuis celles de la campagne anglaise, jusqu'à «la grande mer de champs cultivés, blé, vignes, oliviers, se brisant, à Sienne, en jaillissements verts au pied même des remparts d'un brun doré». Partout les plus grandes émotions naissent des montagnes si lointaines que l'horizon érode leur hauteur, de la succession des collines qui estompe les accidents les plus remarquables du relief, de l'infini d'une grève se fondant dans la mer ou de l'harmonie verdoyante et paisible de bosquets et de jardins.

Toutes choses valables pour la première partie de son voyage, de Tours à Bordeaux, mais, dès le moment où il aborde le Languedoc et où il pénètre dans la campagne toulousaine, le ton change quelque peu. Dans son esprit il est clair que, sans aller jusqu'à dire qu'il change de monde, il a au moins le sentiment de se trouver confronté à une civilisation différente, ne fût-ce que par sa langue puisque le français n'est plus le langage utilitaire, qu'il est remplacé par la langue d'oc pour l'homme du commun et que, quand il est employé, il subit des transformations d'accent qui en font presque une langue originale. Ce n'est sans doute pas ce qui choque le plus notre voyageur, finalement assez amusé par ces idiomatismes phonétiques, mais le passé terrifiant de la région qu'il découvre et pour lequel il n'a immédiatement pas de mots assez durs, déclarant que l'histoire de Toulouse par exemple baigne dans «le sang et la perfidie». Le ton est donné et, de la Ville Rose jusqu'à Tarascon, toute occasion sera bonne pour dénoncer les méfaits, les crimes et les atrocités dont ces terres ont été le témoin: Calas, les guerres de Religion, les dragonnades et les camisards, tout est convoqué et rappelé devant le tribunal de la mémoire sans que ne soit vraiment mise en avant la raison profonde de cette révolte, soit l'impossible pardon du huguenot confronté aux injustices ou aux crimes papistes qui demeurent un fondamental de la culture anglo-saxonne. Arrière-plan qu'il ne faut pas oublier à la lecture des railleries fréquentes que suscitent les églises visitées et surtout les gens qui y ont affaire, qu'ils en soient les gardiens ou de simples usagers dont les manifestations pieuses, comme celle de cette dame observée à la Daurade, deviennent objet de suspicion et d'un doute un peu moqueur. À noter l'absence de toute évocation du sort des Cathares, moins imputable à James qu'à l'air du temps, car, malgré la publication, en 1875, de la grande Histoire des Albigeois, *du pasteur Napoléon Peyrat, les persécutés du* XIIIe *siècle ne sont pas encore de mode.*

Mais l'expression se fait franchement critique quand il s'agit de décrire les populations observées: ainsi à Toulouse les hommes, « ratatinés », observent la fâcheuse habitude de n'être jamais rasés de frais, de ne porter aucune attention à leur costume ou d'aller avec de bottes en permanence crottées. Ceci n'est rien avec la description des Narbonnais, marchands de vin braillards à la saleté repoussante et à la grossièreté exemplaire, à qui leurs femmes n'ont rien à envier dans ce domaine. Quand il est moins critique envers les indigènes, ce n'est pas par indulgence mais parce qu'il les ignore ou mieux qu'il ne les voit pas, préoccupé par la visite des monuments qui valent de toute façon mieux que ceux qui ne sont pas conscients de la chance qu'ils ont de vivre dans un tel cadre. Cette acerbité qui tourne parfois à la hargne doit, elle aussi, être lue, pour être bien comprise, à l'aune des comparaisons que James fait entre le sud de la France et l'Italie: jusqu'en Gironde il est en France, en province certes mais en France, alors que dès qu'il approche de la Garonne et de Toulouse les souvenirs transalpins, il l'écrit, se mettent à affluer et le poussent à la comparaison. Pour lui l'Italie, malgré quelques brefs mouvements d'humeur et surtout de récriminations contre la modernité qui s'en prend sans mesure aux sites les plus anciens et les plus respectables, est le centre du monde, le pays où la civilisation a atteint son plus haut point de raffinement. Il ne peut donc s'empêcher, pour des raisons qui tiennent au climat ou à des similitudes qu'il croit voir dans le mode de vie, de comparer le Mezzogiorno et les contrées méridionales de l'Hexagone. Mais la comparaison tourne largement à leur désavantage tellement elles n'offrent qu'un pâle reflet des couleurs, de la richesse monumentale et des fastes italiens. Toulouse seule aurait pu rivaliser avec les villes du Piémont, du Latium ou de Toscane, et la déception se fait plus vive au constat que, malgré ses arcades, la place du Capitole n'arrive pas à la hauteur de la piazza Castello de Turin, que la Garonne baignant les quais de Toulouse ne saurait être qu'un pâle reflet de l'Arno déroulant ses caprices à Pise, que le Pont du Gard est bien solitaire dans son désert quand on pense au Forum ou au Colosseo. Finalement, James, dépité, ne reviendra jamais dans ce Sud trompeur ou qui, pour le moins, n'a pas répondu à ses espérances lors d'un « voyage assommant », selon ses propres termes, et qui se déroula dans des conditions qui ne firent qu'accroître son exaspération.

Un art du voyage ?

Peut-on raisonnablement tirer de ces notes un matériau suffisant pour dresser le tableau d'un « art du voyage » selon Henry James ? L'exercice est périlleux quand on mesure l'ambiguïté qui commande à son récit et à tous les désirs qui le traversent, autant que l'on accepte, aussi, de ne pas s'arrêter au jugement de leur auteur qui, dans les préfaces ultérieures, le présente comme une light thing, *autrement dit une œuvre mineure à laquelle il ne conviendrait pas d'attacher trop d'importance.*

De fait cette relation de voyage emprunte à plusieurs modes. Elle s'inscrit à l'évidence dans un genre narratif, le récit de voyage, bien représenté depuis le Voyage en Italie *de Montaigne et qui connaîtra un grand succès jusqu'au* XIXe *siècle. Nous ne retenons ici que quelques-uns des auteurs des derniers ouvrages parus, dont il ait pu connaître le texte : les* Voyages pittoresques et romantiques dans l'ancienne France, *de Nodier et Taylor avec leur cortège de lithographies dessinées par les meilleurs artistes de leur temps sont incontournables, mais il faut surtout se pencher vers une tradition plus récente, celle des excursions menées par des Français qui entendent découvrir leur pays, autrement dit s'éloigner de Paris, pour goûter les charmes mystérieux de la province. Excursions qui voient le jeune Flaubert partir vers les Pyrénées et la Corse, se lancer dans le récit de son expédition en Bretagne avec son ami Du Camp (*Par les champs et par les grèves*), mais plus particulièrement celle qui est illustrée par les* Voyages en France, *de Stendhal, qui reste pour lui le modèle indépassable quelles que soient, çà et là, les remarques acides de James à l'égard de quelques errements ou jugements erronés auxquels Beyle se serait livré. S'inspirant ouvertement de la littérature de voyage,* A little tour in France *est aussi pétri et nourri de littérature tout court puisque, dans un premier temps, il s'agit, nous l'avons vu, de retrouver trace des lieux et des personnages évoqués par les classiques, la quête passant de l'univers balzacien à celui de Gorge Sand en convoquant même Walter Scott qui, dans son* Quentin Durward, *fait une description de la maison de Tristan l'Hermitte à Tours. Les contrées méridionales sont moins favorables à l'exercice mais elles nous valent un beau portrait de Tartarin de Tarascon que James, fervent admirateur d'Alphonse Daudet, traduira d'ailleurs en anglais.*

Toutes ces allusions ne sauraient faire ranger cependant ce récit de voyage parmi les œuvres les plus importantes de James et il ne convient jamais d'oublier que, au départ au moins, il s'agit d'une sorte de guide qui ajouterait des notations plus impressionnistes et des réflexions plus personnelles au classique vade-mecum de Murray, le plus célèbre à l'époque pour les touristes anglo-saxons, paru en 1836, et au Baedeker de 1843 qui allait en bonne part le détrôner. De la même façon il convient de se rappeler qu'il s'agit d'une commande pour un journal, que le texte est payé, comme bien d'autres livraisons, parfois littéraires, que James effectue pour les revenus qu'elles procurent. En conséquence il est tenu à un certain style qui ne doit pas dérouter le lecteur américain, mais à l'inverse doit flatter un peu sa vanité, lui procurer les meilleures lueurs sur l'histoire de l'art, tout en lui donnant le sentiment, de manière discrète, qu'il lit un journal intime, qu'il participe un peu aux arcanes de la création littéraire. Pour s'être essayé à ce type d'exercice sans véritablement de succès quelques années auparavant (en 1875) avec des articles sur Paris, dans le *New York Tribune*, James sait qu'il ne se pliera jamais vraiment aux règles du genre, que ses lecteurs ne lui en voudront pas et que, au contraire, sa fantaisie et sa liberté de ton aussi bien que ses sautes d'humeur le serviront. Quand on sait que son livre sera le fidèle compagnon de nombreuses générations d'Américains désireux de reproduire son périple, il est difficile de lui donner tort. Il ne reste plus qu'à lire à travers son témoignage les principes du bon usage du voyage, sinon chez un citoyen américain ordinaire (James est tout sauf cela), au moins chez un écrivain qui, sans doute malgré lui, met à nu un imaginaire dont nous avons déjà évoqué les figures et qui s'inscrit dans une saga cosmopolite en vogue durant plusieurs décennies, de 1880 à 1930.

Voyager donc, mais comment ? Les jours sont bien loin où le jeune garçon enivré d'air et de liberté abandonnait le confort relatif d'une charrette pour courir plus à l'aise devant les chevaux, et il y a longtemps que les meilleurs pullmans ont fait place aux incertitudes de mauvaises diligences. Mais le Midi n'offre pas toujours un tel confort et si les trains ne méritent aucun commentaire il en va autrement du tramway de Narbonne ou des calèches louées pour une excursion. Ceci est moindre mal comparé aux auberges destinées à accueillir le voyageur. Ailleurs James a affiché son goût pour les hébergements les plus modestes :

« Je me sentais enclin à faire de la littérature et un ami m'avait dit : "Si vous avez l'intention d'écrire, vous devriez aller vivre dans une pension : c'est le seul moyen de trouver des matériaux". J'avais lu quelque chose d'analogue dans une lettre du célèbre Stendhal à sa sœur. J'étais un grand admirateur de *La Chartreuse de Parme*, et crus sans peine qu'il n'y avait rien de mieux à faire que de suivre les traces de son auteur ».

Mais c'est à un personnage de l'une de ces nouvelles, à un héros de fiction qu'il prête ces propos car dans ce domaine son expérience est autrement douloureuse. Ainsi, en 1881, se plaint-il des modes alimentaires: «Comme toujours, après une ou deux semaines en France, je suis déjà fatigué de la cuisine française: les bouillies, les sauces, les graisses, combinées à l'extrême prédilection pour la table des autochtones mâles et femelles, qui ont tous l'air rouge et gras lorsqu'ils y sont assis...»

Il est plus facile dès lors de comprendre sa diatribe contre son séjour narbonnais car James goûte avant tout le luxe et le raffinement. Tout au long de sa correspondance, tantôt il rassure sa mère, «j'ai vécu dans les meilleurs hôtels», tantôt, et c'est le plus fréquent, il loue les amis qui l'invitent dans des résidences plus luxueuses les unes que les autres. À Amilly, en 1876, «je voudrais que vous eussiez vu le petit château proprement dit avec son air pittoresque unique et frappant. Il se dresse sur une petite île, dans une charmante petite rivière qui forme tout autour une douve large et claire, qui en lave directement la base; avec sa tour, sa tourelle, ses murs épais d'un mètre (ils datent du XVe siècle) et l'originalité de sa construction, il est aussi joli qu'un décor d'opéra». Quelques mois plus tard, à Bayonne, la maison où il est convié à dîner «est la plus splendide dans laquelle je sois jamais entré». En Écosse, en 1878, la maison de ses hôtes «suprêmement confortable, tapie au milieu des landes brunes et violettes, a l'honneur d'être la demeure seigneuriale la plus haute d'Écosse», ailleurs il est reçu dans «une superbe résidence où les lieux sont bel et bien agréables». Les citations de cet ordre pourraient être aisément multipliées tant elles abondent dans la correspondance, preuve s'il en fallait, et quoiqu'il s'en défende parfois, du goût de James pour les mondanités. Même s'il se plaint à diverses reprises du tumulte du monde, annonçant qu'il n'en peut plus et qu'il va se retirer dans quelque thébaïde, sa décision ne va pas loin dans le temps et il retrouve avec plaisir les jeux des salons ou des châteaux. Un tel penchant pour le raffinement et le luxe, à mettre en parallèle avec son inclination pour les émotions et les plaisirs esthétiques, fait mieux mesurer ce que l'expédition dans le Sud put avoir d'«assommant», d'autant que la solitude, indispensable dit-il pour sa tournée, se révèle très vite pesante. La critique des touristes, et particulièrement de ses compatriotes américains, est un topique chez James qui n'a pas de mots assez durs à leur encontre :

« Il n'y a qu'un seul mot pour les caractériser – vulgaires, vulgaires, vulgaires. Leur ignorance – leur attitude pingre, méfiante, provocante et mesquine envers tout ce qui est européen –, leur insistance à vouloir tout ramener à des critères ou à des précédents américains qui n'existent que chez leurs bonimenteurs indélicats – et puis notre malheureux défaut de voix, de conversation, de physionomie –, toutes ces choses vous sautent terriblement aux yeux ». Dans la même lettre, il insiste en précisant que « ce qui frappe chez les Américains en voyage c'est leur manque absolu, incroyable, de culture ».

Peut-être se serait-il suffi, parfois, de la compagnie de l'un de ces « braillards », pour rompre la monotonie des longues attentes dans les gares ou pour échapper au plus pesant de la solitude, mais il n'en dit rien. C'est au lecteur de le deviner en mesurant l'importance qu'il attache aux rencontres fortuites qui ponctuent son déplacement. Par exemple celle du gentilhomme du Pont du Gard dont l'accueil lui fait oublier un moment la trivialité insupportable du quotidien méridional. Mais ce qui compte le plus à ses yeux ce sont les rapports qu'il arrive à tisser avec les habitants en dehors des intermédiaires obligés. Qu'ils soient bedeaux ou sacristains, donc méchants papistes, gardiens nonchalants ou pointilleux, femmes jacassantes et aux discours limités, James déteste tout ce qui ressemble de près ou de loin à un guide officiel et il ne manque pas – c'est une figure imposée pour l'écrivain voyageur de son temps – de se livrer à une satire en règle de celui de la Cité de Carcassonne. Par contre, après Stendhal, Flaubert ou Viollet-le-Duc, il ne manque pas de souligner qu'il a l'art de s'attirer la sympathie de ces drogmans improvisés, érudits intarissables qui reconnaissent « les vrais » voyageurs et leur ouvrent les portes les plus secrètes de leurs royaumes, permettant ainsi aux élus d'échapper aux fadeurs de la convention. Grâce à eux, donc, au terme de son expédition, il pourra ramener quelques trésors, des fragments du visible que l'homme pressé ou enfermé dans des circuits touristiques tout faits ne saurait ni voir, ni déchiffrer.

En fin de compte, Henry James : un grand voyageur et un témoin fidèle et précieux ? Au-delà des apparences nous serions tentés de dire ni tout à fait l'un, ni tout à fait l'autre. Certes il traverse à plusieurs reprises l'Océan, il sillonne l'Europe occidentale, mais partout il recherche le même confort, la répétition de l'aisance et, plus que dépaysement, matière à féconder son œuvre littéraire, à chaque reprise. Aussi il est déchiré par l'appel du nomadisme vers les hauts lieux et la sédentarité nécessaire aux promesses de l'écriture.

James peintre de la réalité sociale, chroniqueur fidèle des mœurs et des usages ? Quoiqu'il en veuille, bien au-delà des apparences, ce qui l'intéresse le plus ce sont les rêves chimériques suscités par le spectacle du monumental et des traces architecturales les plus éloquentes du passé. En réalité le voyage est un négatif photographique de l'imaginaire : ce qui est donné à voir déçoit toujours en partie au profit de ce qui est rêvé et le regard que promène l'écrivain sur le monde, c'est celui d'un démiurge contemplant un théâtre de la mémoire où s'agitent les ombres du passé, parées de tous les charmes.

Jean Pierre Piniès

Repères bibliographiques

Edel, L., *Henry James, Une vie*, Paris, Seuil, 1990, traduction A. Miller.

Garnier, M.R., *Henry James et la France*, Paris, Honoré Champion, 1927.

James, H., *A Little Tour in France*, 1884, traduit sous le titre *Voyage en France*, Paris, Robert Laffont, 1987, traduction Ph. Blanchard.

Henry James, d'un continent l'autre, textes choisis et présentés par L. Bury, Paris, *La Quinzaine Littéraire – Louis Vuitton*, 2007.

Prologue

Nous autres, bons Américains, je dis d'ailleurs cela sans aucune présomption, sommes tout à fait capables de réduire la France à la seule ville de Paris. Nous sommes aussi connus pour notre inclination à croire que Paris est « la ville céleste ». En fait ce n'est nullement le cas, pour le bonheur de tous ceux qui s'intéressent à la Gaule contemporaine, mais qui restent un peu sur leur faim au vu du condensé de cette civilisation qui va de l'Arc de triomphe au théâtre du Gymnase. À maintes reprises on a suggéré à l'auteur de ces pages légères qu'il y a peu de chance de rencontrer le meilleur de ce « doux pays de France », si l'on se contente de flâner entre ces deux ornements de la capitale. Cette vérité lui était bien apparue par éclairs, à plusieurs reprises, et il était bien décidé à la mesurer. Il partit ainsi, par une matinée pluvieuse de la mi-septembre, pour la charmante petite ville de Tours, qui lui semblait une base idéale de départ pour de fructueuses excursions. Mais celles-ci se transformèrent en un véritable voyage dans les provinces françaises, un voyage qui eut parfois ses côtés languissants (je défie quiconque de m'en citer un qui n'en connaisse pas), mais qui lui permit de constater le bien-fondé de sa proposition. La France est peut-être Paris, mais Paris n'est pas la France ; il en était totalement convaincu lors de son retour dans la capitale.

Il m'est impossible de me présenter, bien évidemment, comme le découvreur des provinces françaises. En fait c'est à Balzac que revient le mérite, sinon de les avoir découvertes, du moins de les avoir révélées, et leur accès est maintenant des plus faciles pour tous les visiteurs. Il est vrai que je ne rencontrai guère de touristes, à l'exception de un ou deux, dont la compagnie me fut agréable. En vérité je fus quasiment le seul touriste pendant cette petite incursion. C'est peut-être la raison de sa réussite.

Toulouse

C'est un grand plaisir de voyager à travers le grand jardin riant que constitue la Gascogne ; ainsi en alla-t-il de mon excursion de Bordeaux à Toulouse. C'est le Midi, vraiment le Midi, et il offrit au narrateur que je suis la pleine mesure de son charme, charme qu'on est toujours prêt à trouver à cette région, même si c'est parfois la courtoisie qui la fait rattacher au pays du soleil. Il offrait cependant le spectacle génial et heureux de ces latitudes clémentes qui, Dieu en est témoin, présentent souvent une tristesse bien de leur cru avec, à perte de vue, des terres couvertes de blé ou de vignes respirant l'abondance et la richesse, du moins celles que le phylloxéra n'avait pas ravagées. La route longe en permanence la Garonne, effleurant çà et là ses flots bruns, lents et plutôt sombres, et sa tristesse porteuse de tant de dangers et de désastres. Les traces des horribles inondations de 1875 ont disparu, et la campagne offre un visage souriant et paisible comme si elle attendait d'être à nouveau submergée. Toulouse, à l'époque dont je parle, était plongée dans les eaux jusqu'à mi-hauteur, plus à certains endroits, et on aurait dit qu'elle avait été complètement détrempée, fripée et fanée à la suite d'un long bain. Les champs et les talus, bien sûr, pardonnent plus facilement. La ligne de chemin de fer s'efforce

Toulouse

de suivre au plus près le charmant Canal du Midi, qui est aussi joli qu'une rivière, si l'on veut bien oublier son goût pour la ligne droite, et qui se met çà et là en valeur, sous un faisceau de grands arbres au feuillage dense, tandis que la Garonne, en dessous, emprunte un cours plus ample et plus irrégulier. Les gens qui aiment le Canal – et du point de vue du peintre il faut reconnaître tout ce que ce point de vue a de légitime – trouveront un grand plaisir à cet admirable spécimen du genre dont il n'est pas possible ici de raconter l'histoire. De l'autre côté de la route, à gauche, court une ligne de collines longue et basse, ou mieux une colline sans fin, telle une falaise sans interruption, au sommet plat, en forme de saillie rocheuse, qui fait penser à une muraille ruinée. Je crains d'abuser de la patience du lecteur avec mon habitude de me référer en permanence aux paysages italiens comme s'ils constituaient l'étalon idéal de la beauté à quoi on devrait mesurer tous les autres. Mais je suis encore plus effrayé à l'idée que je ne peux y renoncer et que je dois me cantonner dans cette coupable disposition. C'est le point de vue d'un flâneur, mais le lecteur aura compris depuis longtemps que mon voyage n'est que prétexte à flânerie, et je livre mes impressions comme elles me viennent. Ainsi ai-je ressenti, en regardant ce paysage, tout ce qu'il pouvait avoir de transalpin avec plus de finesse et de fraîcheur, mais aussi moins d'élégance et de langueur. Cette impression était redoublée, à l'occasion, à la vue de la longue éminence dont je viens de parler, d'un village, d'une église, ou d'un château qui semblaient s'échapper de la muraille en ruine pour rejoindre la plaine. Les vignes toujours répétées, les façades claires des maisons aux toits plats et couvertes de tuiles, la douceur et les parfums de la lumière et de l'air rappelaient les parties les plus prosaïques de la plaine lombarde. Toulouse elle-même a quelque chose d'italien, pas assez cependant pour éclairer ses rues sombres, sales et tortueuses, irrégulières sans atteindre la fantaisie, et elle serait totalement dépourvue de monuments dignes d'intérêt si l'on ne compte pas la superbe église Saint-Sernin.

J'ai déjà évoqué la façon dont le nom de certains lieux s'impose à l'esprit, et il me faut inclure Toulouse à cette liste d'appellations expressives. Ce nom donne lieu à une vision qui suggère quelque chose de profondément *méridional*. Mais je dois avouer que la ville est moins pittoresque que le mot ne le laissait supposer en dépit de la place du Capitole, des quais de la Garonne ou du curieux cloître du vieux musée. Ce n'est pas son aspect mais son histoire qui explique les images latentes dans le mot. L'hôtel dans lequel descendra le voyageur avisé se tient à l'un des angles de la place du Capitole, qui est à la fois le centre et le cœur de Toulouse et qui offre une ressemblance, aussi vague que peu coûteuse, avec la piazza Castello à Turin. Le Capitole, avec sa grande façade moderne, en occupe un côté et, comme le palais de Turin, il fait face à de grandes arcades, où se rassemblent les hôtels, les principaux commerces et les flâneurs. Les boutiques sont certainement de meilleure qualité qu'à Turin, mais il n'en va pas de même des gens. Rabougris et miteux, avec quelque chose de vicieux dans l'apparence, aucun n'affiche une personnalité aussi riche que celle des vigoureux Piémontais. Et j'en profite pour faire remarquer qu'au long d'un voyage de plusieurs semaines dans les provinces françaises, je n'ai que rarement rencontré des hommes bien habillés. Serait-ce que les régimes républicains se désintéressent complètement des chaussures et de la barbe des hommes ? Je me risque à cette enquête futile parce qu'il me semble que, en proportion, on trouve autant de manteaux et de pantalons soignés en France que dans mon pays. Il y en a moins qu'en Angleterre ou en Italie, même dans l'hypothèse où la plupart des bons provinciaux ne se font la barbe ou ne cirent leurs chaussures qu'une fois par semaine. Je m'empresse d'ajouter, pour que ma remarque n'apparaisse pas comme le fruit d'un caractère aigri, que les manières et les conversations de ces messieurs ne sont pas à mettre en relation, autant qu'il m'a été permis d'en juger, avec l'état de leur barbe ou de leurs chaussures. Elles furent presque toujours d'une extrême aménité. À Toulouse, la plus grande des tentations est de s'adresser aux gens pour le seul plaisir de les entendre vous répondre avec ce curieux et fascinant accent du Languedoc qui appuie sur les consonnes finales et conduit les Toulousains à dire *bien-g* et *maison-g*, comme le font les Anglais apprenant le français. On dirait qu'ils parlent davantage avec les dents qu'avec la langue. Je retrouve dans mon carnet une phrase concernant Toulouse, peut-être un peu méchante, mais que je livre telle quelle : « Ce qui est bizarre c'est que cet endroit soit aussi animé qu'endormi. Une foule, faite de gens bronzés, qui déambule dans des rues étroites et tortueuses, dont je n'arrive pas à comprendre les activités. Mis à part l'église Saint-Sernin et l'hôtel d'Assézat, Toulouse ne possède aucune richesse architecturale ; les maisons sont essentiellement faites à l'aide de briques d'un rouge teinté de gris et n'ont rien d'original dans leur style. Le travail de la brique est ici des plus pauvres, bien inférieur à celui des villes italiennes, manquant totalement de la richesse de coloris que ce matériau modeste revêt, en général, sous les climats humides et verdoyants ». Mes notes continuent par le récit d'une petite visite au Capitole qui fut très rapide car l'immeuble était en travaux et les pièces à peu près toutes fermées.

Toulouse : the Capitol

L'histoire de Toulouse baigne dans le sang et la perfidie, et ce n'est pas la coutume ancienne des Jeux Floraux, greffée sur de multiples dissensions internes, avec son pastoralisme de pacotille, sa chevalerie dérisoire, et son étalage de bons sentiments, qui suffira à atténuer de telles horreurs. Cette société a été fondée au quatorzième siècle et, depuis, elle tient ses sessions annuelles au cours desquelles sont déclamés des poèmes dans la très belle et ancienne *langue d'oc* avant qu'elle ne couronne un candidat rougissant sous l'honneur. La cérémonie se déroule dans le Capitole, devant le premier magistrat de la ville, connu sous le nom de *capitoul*, et en présence de toutes les jolies femmes, qui sont légion à Toulouse. Il est peu commun de faire le portrait d'une aussi belle personne que la concierge qui eut la prétention de me faire visiter les appartements où se tenaient les Jeux Floraux. C'était une femme à la taille imposante, brune, bavarde, encore dans le meilleur de sa vie, avec un regard éloquent, une assurance extraordinaire, et une paire de chaussettes magenta bien enfoncées dans de jolis sabots brillants ; et pendant qu'elle montait l'escalier, me précédant, s'amusant à les faire claquer, je me plus à l'imaginer comme l'héroïne d'un *opéra bouffe*. Tout son discours était ponctué de *n*, de *g*, de *s* et d'un e muet fortement accentué, ainsi prononçait-elle *autré*, *théatré*, *splendidé*, appliquant cette dernière épithète à tout ce que renfermait le Capitole, et plus précisément à un tableau horrible représentant la célèbre Clémence Isaure, présidant une séance des fameuses joutes poétiques qu'elle avait fondées. Je me demandais, cependant, si Clémence Isaure avait quelque chose en commun avec cette terrible Toulousaine d'aujourd'hui qui aurait pu servir de magnifique modèle à une de ces compétitions des Jeux Floraux. La dame en l'honneur duquel le tableau fut peint est un personnage mythique que l'on ne retrouve pas dans la *Biographie Universelle*. Elle n'en demeure pas moins un mythe plein de charme, et si elle n'a jamais vécu, il n'en va pas de même de sa statue, représentation grossière qui a été transportée de l'ancienne église de la Daurade, où elle était censée reposer, jusqu'au Capitole. Le grand hall dans lequel se tenaient les Jeux Floraux était encombré d'échafaudages et il ne me fut pas plus possible d'admirer la longue théorie des bardes qui avaient été couronnés, que les portraits des *capitouls* de Toulouse. En compensation j'eus accès à une grande bibliothèque qui contenait l'imposante collection des poèmes primés depuis l'époque des troubadours, ainsi que le grand couteau de boucher qui aurait servi, selon la légende, à la décapitation du duc de Montmorency, en 1632, sur l'ordre de Richelieu, au prétexte qu'il aurait comploté contre ce grand cardinal avec Gaston d'Orléans et Marie de Médicis. Ces objets épuisaient l'intérêt du Capitole. La bâtisse n'a que peu à voir avec l'ambition de son titre, promesse mensongère qui fait croire au visiteur qu'il y trouvera quelque trace de l'antique tradition romaine qui s'épanouit dans cette partie de la France. Il laisse une impression moins forte que celle des trois autres Capitoles célèbres du monde contemporain, celui de Rome, si l'on peut qualifier de moderne l'édifice actuel, et ceux de Washington et d'Albany !

Les seuls vestiges romains que l'on peut trouver à Toulouse se trouvent au musée, un établissement digne d'intérêt, mais, comme le Capitole, dont je n'ai pu jouir qu'imparfaitement. Il était en pleine restauration, et seule la galerie des peintures, qui constitue sa partie la moins attractive, était accessible. Les tableaux qu'elle contient proviennent, pour la plupart, de l'école française moderne, et je ne me souviens de rien, si ce n'est d'une œuvre, aussi puissante que désagréable, de Henner qui peint le corps humain en usant d'une touche très sombre, et, égarée parmi les tableaux, d'une copie en bronze du charmant *David jeune* de Mercié. Toutes ces pièces ont été rassemblées dans l'église d'un vieux couvent, désaffecté depuis longtemps, tandis que le reste des collections est installé dans les cloîtres. Il y en a deux, un petit auquel vous accédez d'abord depuis la rue, et un autre au-delà, très vaste et élégant ; ce dernier, avec ses arches gothiques délicates et ses fines colonnes du quatorzième siècle, son grand déambulatoire, son jardin dont le centre est occupé par des statues et des tombes antiques, est, et de loin, l'endroit le plus pittoresque de Toulouse et il mériterait le dessin. Il doit l'être encore plus quand les bustes, les inscriptions, les dalles et les sarcophages romains sont alignés au long de ses murs. Il doit offrir une certaine ressemblance, si l'on suit les conseils judicieux de Murray qui propose de comparer les pièces mineures et les plus nobles avec le Campo Santo à Venise. Mais maintenant tout n'est qu'absence, une confusion totale règne dans le cloître et ses trésors ont été enfermés, dans le désordre, dans diverses pièces toutes inaccessibles. Le gardien s'efforça de me consoler en me disant que lorsqu'elles seraient à nouveau exposées, ce serait selon des critères scientifiques, avec un ordre et des règles qui n'avaient pas été respectés auparavant. Cela ne me servit à rien, car ce qui m'importait, moins qu'une classification, c'était le spectacle, le tableau qu'elles auraient dû m'offrir. Des vestiges romains antiques, exposés à la lumière de l'air libre, sous un ciel méridional, dans le jardin d'un couvent ont, par leur simple aspect, le charme de l'immortalité, et ce charme s'accroît à la pensée qu'ils sont présentés à l'endroit même où le sol les a renfermés.

Ma véritable consolation vint de l'heure que je passai à Saint-Sernin, une des plus nobles églises du midi de la France, et sans discussion la plus belle parmi toutes celles de Toulouse. Ce grand bâtiment, un chef-d'œuvre de l'art roman du douzième siècle, dédié à saint Saturnin dont les Toulousains ont abrégé le nom, mérite à lui seul, selon moi, le détour par Toulouse. Son intérêt principal réside dans la solennité extraordinaire de l'intérieur de l'église, il n'y a aucun mot assez fort pour dire la force de sa nef gris clair. De façon générale je n'apprécie guère que l'on accorde des valeurs morales aux monuments ; je frémis quand j'entends parler de tendres corniches ou de sincères campaniles, mais il m'est impossible de ne pas attribuer quelque vertu morale à Saint-Sernin. L'église, telle qu'on la voit aujourd'hui, a été complètement restaurée par Viollet-le-Duc. La façade est faite de briques et son charme tient essentiellement à une tour faite de quatre arches, qui devient plus étroite au fur et à mesure qu'elle s'élève. La nef, vaste et haute, la voûte en forme de berceau de pierre, l'effet des arches circulaires et des colonnes du triforium tout concourt à sa beauté. Deux bas-côtés enserrent la nef, le chœur est très profond et étroit et il semble se refermer sur lui-même comme s'il était destiné à accueillir les rites les plus graves. Les transepts, s'il est possible, sont encore plus nobles, surtout ceux définis par les arches du second étage. L'église, prise dans son ensemble, est étroite pour sa longueur mais elle donne aussi un sentiment d'achèvement et d'homogénéité. Disant cela, je sens que je ne parviens pas à rendre compte de sa gravité et de la force de ses proportions, voire du sentiment de solitude qui se dégageait de son appareil restauré, pendant que j'y restai assis alors que le crépuscule d'octobre l'envahissait peu à peu. C'est une véritable œuvre d'art, de la plus haute conception. Il en va autrement de la crypte où un gardien parvint à m'entraîner malgré moi, encore que je pense qu'on puisse parler d'œuvre d'art à son propos. Elle se présente comme un musée riche en reliques, dont la tête de saint Thomas d'Aquin, enveloppée dans une serviette et

SAINT-SERNIN, TOULOUSE, THE TRANSEPT

exposée dans une cage de verre. Le sacristain, muni d'une lampe, me guida tout au long, ne m'épargnant rien des diverses reliques qui y étaient conservées. Tout cela avait quelque chose de grotesque, mais, néanmoins, quelques pièces étaient enfermées dans de curieux coffrets anciens d'argent et de cuivre martelés ; tous ces objets, provenant sans doute du sanctuaire primitif, méritaient vénération. L'endroit offrait cependant une impression de boutique de marchands du temple qui en détruisait l'effet, alors qu'il se veut le meilleur exemple au monde de la piété. Ce sentiment est redoublé par la manière dont les sacristains, campant à l'entrée, vous proposent d'en faire la visite pour dix sous (interpellé par deux d'entre eux, je ne pus échapper au troisième), et la façon tout à fait cavalière dont ils usent pour vous y faire rentrer aussi bien que sortir. L'incident ayant rompu le charme de Saint-Sernin, je quittai le lieu et me mis en quête de la cathédrale. Je ne gagnai guère au change et elle m'apparut comme un vestige bizarre et disloqué. Sa façade se réduit à un portail à côté duquel on a érigé, à une époque postérieure, une tour de brique. La nef était plongée dans une obscurité que quelques lampes, éparpillées, n'arrivaient pas à vaincre. Je pus au mieux deviner les contours d'une voûte immense, comme une vaste caverne, et sans chapelles latérales. On distinguait, çà et là, des silhouettes agenouillées dans l'ombre ; l'endroit était mystérieux et peu harmonieux. Le chœur, séparé de la nef par un rideau, ne lui semblait pas relié, comme s'il n'avait pas été disposé dans le même axe. La seule autre impression ecclésiastique que j'eus à Toulouse, me fut fournie par l'église de la Daurade, dont la façade, qui donne sur le quai de la Garonne, était obstruée par des échafaudages ; aussi ne pouvait-on y pénétrer que par le chevet, lui-même masqué par des maisons, et par une porte qui, au prime abord, ne semblait pas appartenir au sanctuaire. C'est une église de dimensions imposantes, haute et vaste, à la décoration chargée et aménagée de façon très moderne ; encore qu'elle fut, à l'ordinaire, plongée dans la pénombre, je pus profiter des ombres du couchant lorsque je m'y rendis. Je me rendis compte qu'elle n'était faite que d'un grand carré, sous un dôme, au milieu duquel une seule personne, une femme, était complètement absorbée par ses dévotions. La manière d'accéder à l'église apparaissait comme un obstacle destiné à interdire l'entrée du monde profane, et, ayant le sentiment d'être un intrus, je me retirai, emportant avec moi l'image de l'immensité et du calme qui y régnait, jointe à celle de l'or du toit qui brillait dans le crépuscule, sans oublier celle de la dévote solitaire. Pour quoi ou pour qui priait-elle et comment n'éprouvait-elle aucune peur dans un endroit aussi désert ?

Quant au reste, seule la promenade qui longe la Garonne, elle-même reliée au faubourg Saint-Cyprien par un imposant pont de brique, a quelque chose de pittoresque. Ce quartier déshérité, accablé à l'évidence par une situation déplorable, est resté sous les eaux plusieurs jours lors des dernières inondations qu'a connues Toulouse. La Garonne avait quasiment atteint le toit des maisons et l'endroit présente de nombreux stigmates du désastre et de la peur qui s'en était suivie. Les deux ou trois personnes avec qui j'ai eu l'occasion d'évoquer la catastrophe en gardent un souvenir horrible. Je n'en ai pas fini avec mes comparaisons italiennes et je n'en finirai d'ailleurs jamais avec elles. Je me sens donc toute liberté pour dire que quelque chose dans la situation de la Garonne vis-à-vis de Toulouse me rappelle celle de Pise qui, elle, donne sur l'Arno. Les maisons aux façades de brique rouge, au long du quai, offrent un mélange de pauvreté et d'éclat, comme les *loggias* ouvertes du dernier étage. Le fleuve, avec un ou deux ponts en plus, se confondrait aisément avec l'Arno, et les immeubles qui le bordent, un hôpital et un couvent désaffecté, s'enfoncent dans ses eaux avec le même cynisme méridional. J'ai présenté l'Hôtel d'Assézat comme la plus belle maison de Toulouse ; si je mets à part le cloître du musée, c'est le seul « morceau » dont je me souvienne. Il a perdu son rôle de résidence prestigieuse au seizième siècle pour déchoir en un mélange d'entrepôt et de bureaux ; mais une certaine dignité flotte dans sa cour mélancolique, séparée de la rue par un portail qui en impose encore, une vigne grimpante et une vigne vierge rouge s'accrochant à ses murs de pierre et de brique décrépits.

La maison la plus intéressante de Toulouse est loin d'être la plus remarquable par son aspect. C'est au 50 de la rue des Filatiers, un bâtiment solide et sans grâce, que l'on trouva pendu, un soir d'automne, le corps du jeune Marc-Antoine Calas dont le suicide mal inspiré allait être le premier acte d'une terrible tragédie. Le fanatisme déclenché dans la population toulousaine par l'événement; la mort sous la torture de Jean Calas accusé, en tant que protestant, d'avoir mis fin aux jours de son fils parce que celui-ci voulait rejoindre l'église romaine; la ruine de la famille; l'enfermement de ses filles; la fuite de sa fille vers la Suisse; l'intervention de Voltaire; le zèle forcené de cet incomparable partisan des Calas et la passion qu'il déploya, au long des années, pour faire réviser le jugement jusqu'à ce qu'il arrive à ses fins, la manière dont il voua à l'exécration le tribunal de Toulouse, la compassion et la pitié dont furent entourés grâce à lui le nom des victimes – tout cela concourt à faire considérer cette affaire comme un des épisodes les plus intéressants et les plus émouvants de l'histoire sociale du dix-huitième siècle. Sa progression fatale et sa rigueur sombre font de cette aventure une tragédie grecque. Jean Calas, malgré son âge et sa réputation sans faille, perdu et clamant son innocence, succomba sous la roue. Et la vue de sa modeste demeure, qui me rappelait ce passé de souffrances, me gâta un moment l'impression que me faisait Toulouse.

HÔTEL D'ASSÉZAT, TOULOUSE

CARCASSONNE

Carcassonne

Je n'ai passé que quelques heures à Carcassonne ; mais ces heures furent celles d'un bonheur parfait, et je ne saurais mieux faire que de recopier les quelques notes que je pris à ce moment sur mon carnet. Un peu décousues et parfois triviales elles ont au moins l'avantage de la fraîcheur d'une grande émotion. C'est ce qu'un lecteur peut espérer de mieux dans un récit d'où sont bannies « toutes informations utiles » et autres détails pratiques, si généraux fussent-ils. Il est indéniable, en effet, que Carcassonne est très émouvante ; et le voyageur qui, lors de son petit tour de France s'est vu contraint de reconnaître, à ses moments de mélancolie, que les occasions de déception étaient aussi nombreuses que celles de satisfaction, doit dès lors admettre que l'on ne peut rien trouver de mieux que cette ville.

La campagne, dès que l'on a quitté Toulouse, ne perd rien de son charme ; d'autant que cette plaine se confond, dans ses lointains, avec les Cévennes, et de l'autre, très loin sur sa droite, avec la chaîne plus riche des Pyrénées. Des oliviers et des cyprès, des pergolas et des vignes, des terrasses sur les toits, des montagnes aux formes douces et lumineuses, une chaude lumière jaune : que trouver de mieux pour satisfaire le touriste le plus exigeant ? Il a laissé ses bagages à la gare, bien décidé à faire le tour de l'auberge avant de s'y installer. Il était tellement évident (un simple coup d'œil a suffi) qu'il trouverait mieux sans difficulté, qu'il s'est simplement dirigé vers la ville, avec la perspective d'un superbe après-midi devant lui. Mais quand je dis la ville, je devrais dire les villes ; il y en a deux en effet à Carcassonne, parfaitement distinctes, et chacune a de bonnes raisons de prétendre à ce titre. Elles ont cependant réglé leur différend, et la plus ancienne, qui est l'objet de tous les pèlerinages, à laquelle l'autre ne sert que de seuil, voire si je peux dire d'humble paillasson, est appelée la Cité. Vous ne voyez rien de la Cité depuis la gare ; celle-ci est cachée par les maisons de la ville basse, qui est, au moins relativement, plus moderne. Une merveilleuse allée d'acacias vous y mène depuis la gare, ou plutôt elle la contourne avant d'arriver à un petit pont en dos-d'âne sur l'Aude, depuis lequel se détache, droite et solitaire, la silhouette parfaitement médiévale de la Cité. Telle une boutique rivale, qui serait située du mauvais côté de la rue, elle affiche qu'elle n'a pas de rapport avec l'établissement d'en face, même si les deux lieux sont réunis, encore que l'on puisse douter que la vieille Carcassonne entretienne un lien avec quoi que ce soit, par une sorte de petit faubourg rustique. Ce qui frappe d'abord c'est le parfait détachement de la Cité, perchée sur son solide piédestal. Pour en finir, sans plus attendre, avec la ville basse, je voudrais dire que les magnifiques acacias que j'ai évoqués la baignaient dans une lumière estivale, dans laquelle quelques vestiges épars d'imposantes murailles de pierre et de bastions puissants avaient un air vénérable et pittoresque. Un petit boulevard serpente autour de la ville, planté d'arbres et fourni de plus de bancs que je n'en avais jamais vus, fruits de la sollicitude d'une municipalité attentive. Cette enceinte avait quelque chose de chaleureux, d'indolent, de poussiéreux, de méridional, comme si les gens passaient le plus clair de leur temps à s'asseoir devant leur porte ou à se promener dans le calme des nuits d'été. C'est à de tels moments que la silhouette de la vieille ville sur la colline voisine respire son atmosphère la plus fantomatique. Même en plein jour elle prend des airs de vignette de Gustave Doré ou de poème de Victor Hugo. Elle est presque trop parfaite – ressemblant à une énorme maquette disposée sur la table verte d'un musée. Un chemin pavé et difficile, envahi par les herbes folles comme ces routes où les voitures ne passent jamais, permet de l'atteindre sous le soleil. Elle possède une double enceinte faite de murailles extérieures et intérieures complètes, ces dernières restant les plus curieuses dans leur complexité ; et cette réunion de remparts, de tours, de bastions, de créneaux, de barbacanes, est fantastique et romantique à souhait. L'accès que je décris est celui qui conduit à la porte qui regarde vers Toulouse – la porte de l'Aude. Il y en a un second, que l'on appelle je crois, la porte Narbonnaise, une porte magnifique, flanquée de tours hautes et imposantes, défendue, à l'extérieur, par des ouvrages complexes. Il n'y a pas d'autres accès que ces deux ouvertures, si l'on ne tient pas compte d'une poterne, protégée par un bastion impressionnant, dans la partie qui regarde vers les Pyrénées.

Comme j'ai toujours l'habitude de m'abandonner à mes premières impressions, je commençai par faire le tour de l'enceinte extérieure, activité très gratifiante au premier abord. Je me dirigeai à droite de la porte d'Aude, sans la franchir, à l'endroit où les anciens fossés ont été comblés. De ce comblement est née une grande plate-forme couverte d'herbe au pied des grosses tours grises qui se suivent à peu de distance et tendent de l'une à l'autre leur rigide rideau de pierre ; ce dernier tombe sans un pli dans l'herbe tranquille, parcourue, çà et là, par de modestes gens du cru se promenant dans l'après-midi ensoleillé. Tous les habitants de la vieille ville sont humbles, car le cœur de la Cité s'est desséché avec l'âge et il y a peu de vie dans ces ruines. Quelques laboureurs obstinés qui travaillent dans les champs voisins ou dans la ville basse, quelques octogénaires des deux sexes qui attendent de mourir là où ils ont toujours vécu, tels sont les principaux habitants qui contribuent au pittoresque du lieu. Le processus de transformation qui a fait de cette vieille ville irresponsable un exemple de l'architecture du Moyen Âge s'est, bien entendu, accompagné de certaines éliminations et la population n'a pas échappé au mouvement général de restauration. Je ne perdrai pas de temps à dire que cette restauration est la marque caractéristique de la Cité. M. Viollet-le-Duc a effectué les travaux à son gré, la mettant dans un ordre parfait, relevant les fortifications dans leur moindre détail. Je ne prétends pas m'ériger en juge de son œuvre, menée dans un esprit et une échelle qui parlent à l'imagination. Peu d'architectes ont eu une telle chance, et M. Viollet-le-Duc a dû faire bien des jaloux chez ses confrères en restauration. L'image d'une Carcassonne plus délabrée se lève dans l'esprit, et il n'y a aucun doute que ces lieux, quarante ans plus tôt, étaient plus émouvants. D'un autre côté, tels qu'on les voit aujourd'hui, ils constituent une merveilleuse évocation, et s'il y a beaucoup de neuf dans ce vieux, il y a aussi beaucoup d'ancien dans cette nouveauté. Les créneaux réparés et les morceaux défaillants de l'enceinte extérieure reconstitués sont assez exemplaires de ce mélange. Ma promenade me conduisit jusqu'à un lieu où je pouvais avoir une vue d'ensemble des Pyrénées, baignée d'une merveilleuse lumière violette dans le soleil couchant qui allongeait indéfiniment les ombres. À cet endroit de l'enceinte la plate-forme au pied des murs est plus large et elle permet d'avoir une vue d'ensemble plus complète. Deux ou trois vieilles femmes s'étaient glissées hors de la porte Narbonnaise pour mieux observer le visiteur qui approchait, et un très vieux paysan, allongé contre une tour où il appuyait son dos, surveillait une demi-douzaine de moutons efflanqués. Un pauvre infirme, vêtu d'une blouse bleue élimée, les béquilles posées à son côté, assis sur un parapet, profitait autant qu'il le pouvait de l'après-midi. Il avait l'air si malade et si résigné que je lui adressai la parole ; j'appris ainsi qu'il était totalement paralysé et qu'il ne disposait d'aucun revenu. Il avait autrefois servi sept ans dans l'armée et avait participé à la campagne du Mexique avec Bazaine. Né dans la vieille Cité, il y était revenu

CARCASSONNE

pour finir ses jours. C'était très étrange de le voir assis là, au pied de ces murailles romantiques, avec le spectacle somptueux des Pyrénées en toile de fond, et de penser qu'il avait traversé les mers pour s'enfoncer au loin dans le Nouveau Monde, qu'il avait pris part à des expéditions célèbres, et qu'il se retrouvait maintenant infirme devant la porte de la cité médiévale où il jouait quand il était enfant. Je fus frappé par ce mélange d'histoire et de modestie, par le destin de ce pauvre homme qui pouvait à peine tendre la main pour recevoir la petite pièce d'argent dont on lui faisait l'aumône.

Ce ne fut pas la seule connaissance que je fis à Carcassonne. À peine avais-je fait quelques pas le long de l'enceinte que je rencontrai un personnage complètement différent, auquel je posai une question qui venait de me venir à l'esprit, et qui se trouva être le véritable génie du lieu. C'était un fils de la ville basse, quelqu'un de très sociable et courtois, et j'appris peu après qu'il était employé à la préfecture – en bref une personnalité de Carcassonne. (Je peux en parler librement puisque je sais qu'il ne lira jamais ces pages.) Il avait été malade un long mois et c'était la première sortie qu'il effectuait depuis, en compagnie de son petit chien. Selon ses propres mots, il était *amoureux fou* de la Cité, et il n'avait pas su attendre plus longtemps pour y remonter. Il m'en parla comme aurait fait un amant, et m'offrant pendant une demi-heure le plaisir de sa compagnie, il m'en montra les endroits les plus dignes d'intérêt. (Je ne parle toujours ici que de l'enceinte extérieure ; vous ne pouvez pénétrer dans l'enceinte intérieure – qui fait l'originalité de Carcassonne et reste la partie la plus curieuse – qu'en vous adressant au préalable à la loge du gardien officiel, un fonctionnaire remarquable qui, après que mon ami l'amateur m'ait introduit auprès de lui, m'accompagna sur les remparts, me noyant dans les dates et les termes techniques.) Mon compagnon me fit particulièrement remarquer les traces des différentes périodes de construction des murailles. Elles renferment une quantité d'informations sur une histoire commencée avec les Romains et les Wisigoths ; ici et là on distingue bien la trace de brèches réparées à la hâte. Nous pénétrâmes ensuite dans la ville, du moins dans la partie qui n'est pas intégrée à la citadelle. C'est l'endroit le plus curieux et le plus chaotique du monde car, si l'on omet les fortifications, tout est laissé à l'abandon, comme si seul l'esprit de M. Viollet-le-Duc devait régner sur le lieu dont il ne resterait qu'une splendide coquille. On détruit ces pauvres petites maisons dès que la loi le permet et une vieille femme s'approcha de moi, au cours de ma visite, m'invitant à m'apitoyer avec elle sur la disparition de toutes ces masures qui, durant les derniers siècles (en fait depuis que la citadelle a perdu son rôle militaire) s'étaient installées entre les deux enceintes, au pied des murailles. Ces maisons, faites de matériaux dérobés aux tours en ruine, avaient trouvé là un endroit favorable pour s'abriter. Cet espace intermédiaire était même devenu une sorte de quartier avec sa rue qui était tombée en désuétude au fur et à mesure des travaux de restauration. D'autres passages partent sur le côté, très étroits et peu marqués, où vous vous frayez votre chemin à travers des tas d'ordures, bien conscient que des visages inattendus vous observent derrière les fenêtres, se détachant tels des visages d'anges qui auraient perdu leur corps. Ce qui apparaissait comme le plus réel dans ce lieu, était le petit café où les serveurs devaient être les fantômes de quelques Wisigoths. De toute manière dans la Cité tout est petit, et vous pouvez en faire le tour en vingt minutes. Sur le parapet du pont-levis du château qui, aujourd'hui, avec sa vieille façade pittoresque flanquée de tours et son fossé comblé, n'est plus qu'une simple *caserne*, étaient assis une demi-douzaine de soldats singulièrement petits. Rien ne semble plus étrange que ces objets enfermés dans cet espace qui a tout l'air d'un immense jouet. Par certains de leurs aspects la Cité et ses habitants me faisaient un peu penser à une immense arche de Noé.

Carcassonne remonte à l'époque où les Romains occupèrent la Gaule. Cette place commandait une des grandes routes qui conduisaient en Espagne et, au quatrième siècle, les Romains et les Francs s'en emparèrent et la perdirent à tour de rôle. En 436, Théodoric, roi des Wisigoths, soumit les deux parties et c'est durant son règne que fut construite l'enceinte intérieure qui remplaça la construction romaine ruinée. La plupart des tours wisigothes encore debout semblent avoir été érigées à la hâte, sans doute lors de l'invasion franque. Les créateurs de ces solides défenses, même s'ils furent parfois inquiétés, tinrent sans faillir Carcassonne et sa

région, où ils avaient établi le royaume de Septimanie, jusqu'en 713, date à laquelle ils furent chassés par les Maures d'Espagne, qui ouvrirent une période d'occupation mystérieuse de quatre siècles dont nous n'avons rien gardé. Toutes ces informations viennent d'une brochure de M. Viollet-le-Duc, lumineuse description des fortifications qu'il est très facile de se procurer auprès du gardien parfait dans son rôle. L'auteur fait ensuite un saut pour en arriver en 1209 quand Carcassonne, qui appartenait maintenant aux vicomtes de Béziers, gagnée à l'hérésie albigeoise, fut assiégée, sur ordre du pape, par le terrible Simon de Montfort et son armée de croisés. Simon avait l'habitude des succès et la ville ne lui résista que quinze jours. Trente et un ans plus tard, passée dans les mains du roi de France, elle fut à nouveau assiégée, cette fois par le jeune comte Raymond de Trencavel, le dernier des vicomtes de Béziers. M. Viollet-le-Duc en fait un récit détaillé et celui qui s'intéresse à ces choses peut en suivre les péripéties, son

livret en mains, tout au long des remparts. Le jeune Raymond de Trencavel, honteux et déconfit, leva le siège au bout de vingt-quatre jours. Saint Louis puis Philippe le Bel, au treizième siècle, multiplièrent les défenses de Carcassonne qui fut un de leurs remparts les plus sûrs à la frontière avec l'Espagne, et dès lors, considérée comme imprenable, la forteresse n'eut plus rien à craindre. Elle ne fut jamais l'objet d'une attaque, et quand en 1355, Édouard, le Prince Noir, franchit ses portes, c'est parce que ses habitants les avaient ouvertes en grand pour le conquérant que tout le Languedoc redoutait. Je ne fais pas partie de ceux qui se passionnent pour ce genre de choses et je me bornai à retirer ces quelques renseignements de la brochure de M. Viollet-le-Duc.

J'ai déjà raconté que mon obligeant ami, « l'amoureux fou », m'avait amené jusqu'au gardien de la citadelle. Je dois préciser que j'eus d'abord affaire à la femme de ce fonctionnaire, une paysanne vigoureuse, qui, s'étant munie d'une clé suspendue à un clou, me conduisit à une poterne où elle me laissa en présence de son mari. Comme il venait de commencer sa visite avec un petit groupe de quatre personnes, je n'eus que quelques marches à gravir pour le rejoindre. Je me joignis donc à cette compagnie qui n'était pas des plus choisies, à l'exception de deux gendarmes en grand uniforme, qui nous confièrent que, bien qu'ils eussent été en poste pendant deux ans à Carcassonne, ils n'avaient jamais eu la curiosité de monter à la Cité. Il y a mieux par contre à prendre en compte. Le *gardien* était un petit Français absolument typique, qui me fit plus impression que les merveilles de l'enceinte intérieure, et comme je suis bien forcé de croire, quoiqu'il en coûte à ma vanité d'auteur, qu'il ne lira jamais ces lignes, je peux le traiter comme un bien public. Avec sa petite taille, son esprit anguleux, son visage rougeaud, ses yeux expressifs et protubérants, sa voix péremptoire, son débit volubile, la clarté et la précision de sa diction, il me faisait penser à un de ces personnages qui jouèrent un rôle dans la Révolution de sa patrie. S'il n'était pas un farouche petit Jacobin, il aurait mérité de l'être, car je suis sûr que le Comité de Salut Public devait compter bon nombre d'hommes comme lui. Il savait tout ce qu'il y avait à savoir, manifestait une parfaite connaissance de la place forte et ne cessait de rappeler à son auditoire les propres fouilles auxquelles il s'était lui-même livré ainsi que les réparations qu'il avait effectuées de son propre chef. Il se présentait comme le frère de l'architecte des travaux en cours (je suppose qu'il voulait parler de celui qui avait succédé à M. Viollet-le-Duc après sa mort), ce qui reste un trait des plus significatifs. Il me rappela, comme tant de choses le rappellent, le caractère démocratique de la vie française : c'était un homme du peuple, dont la femme porte le bonnet, très intelligent, érudit, mais demeurant pourtant un homme du peuple, faisant étalage de ses connaissances avec une sorte de férocité et de défi. Un tel personnage permet de mieux comprendre ce qu'il y a de radical chez les Français, leurs révolutions, leurs barricades, leur passion funeste pour les théories. (Je ne me permettrai pas, bien entendu, d'affirmer que l'individu que je décris – qui ignore au demeurant la liberté que je prends avec lui – est réellement épris de ces idéaux. Je veux simplement dire que bon nombre de leurs partisans doivent posséder ses qualités). J'indique cette nuance pour montrer ici de quelle catégorie d'hommes terribles il s'agit. Même après avoir atteint un haut degré de civilisation, on ne trouve pas chez lui le désir, courant chez l'Anglais, à mesure qu'il s'élève dans le monde, de se rapprocher le plus possible du *gentleman*. D'un autre côté, il possède une *netteté* et une faculté d'expression qui échappent, pour son bien ou son malheur, au *gentleman* anglais.

Notre brillant et pittoresque gardien de Carcassonne nous promena pendant une heure, discourant, expliquant et illustrant ses propos tout en faisant son chemin ; ce fut un modèle de petite conférence, telle qu'on peut en entendre au Lowell Institute, sur les manières d'attaquer ou de défendre une place forte. Nos pérégrinations nous montrèrent à l'évidence que Carcassonne était imprenable ; il est impossible, sans les avoir vus, d'imaginer les raffinements et l'ingéniosité d'un tel système de défense. Nous passâmes au long de créneaux, suivîmes des chemins de ronde, montâmes et descendîmes des tours, nous nous penchâmes pour franchir des arcades, regardâmes par des meurtrières, plongeâmes dans des cachots souterrains, nous nous arrêtâmes dans des endroits peu confortables pour mieux comprendre leur usage ; tout cela était très curieux, tout à fait intéressant et surtout très pittoresque car nous pouvions en permanence jeter des regards sur les ruines de la petite Cité ensoleillée et livrée aux herbes. Par endroits, quand on se tient sur la grande enceinte, elle produit encore l'illusion d'être encore armée et en état de se défendre. De toute façon elle vous lance un défi puisqu'elle vous convie à vous prononcer sur la manière dont elle a été restaurée. Je n'ai quant à moi aucune hésitation ; je préfère dans tous les cas les ruines, quel que soit leur état de délabrement, à une reconstruction, fût-elle splendide. Ce qui reste est toujours plus précieux que ce que l'on rajoute : d'un côté nous avons affaire à l'histoire, de l'autre à la fiction, et je préfère la première attitude qui est beaucoup plus romantique. L'une est positive, aussi loin va-t-elle, l'autre se contente de combler les vides à l'aide de choses qui sont plus mortes que le vide lui-même puisqu'elles n'ont jamais eu de vie propre. Ceci dit, je peux dire en toute liberté que la restauration de Carcassonne est une splendide réussite. Notre petit guide finit par nous laisser à nous-mêmes après nous avoir conduits, comme il se doit, dans l'inévitable dépôt de photographies. Ces photographies sont une des calamités du Midi. Elles sont en général affreuses et le plus grave est que vous ne pouvez faire un pas sans tomber sur un étal qui les propose sous la forme encore plus hideuse de petit *album-panorama*. C'est une sorte de taxe dont vous devez vous acquitter et le plus simple est d'en acheter pour être tranquille. Il est indéniable de noter que nous nous séparâmes de notre guide avec soulagement, sa manière de nous gaver de renseignements me faisant immanquablement penser au procédé violent que l'on utilise pour remplir les bouteilles d'eau minérale. Pendant tout ce temps l'après-midi avait encore gagné en charme, le couchant était devenu plus intense, baignant de sa pourpre les collines qui barraient l'horizon et la masse majestueuse du Canigou, qui se distinguait encore, s'était faite plus délicate. Le jour s'était tellement fané que l'intérieur de la petite cathédrale était envahi par le crépuscule qui faisait rougeoyer les vitraux en leur prêtant ses couleurs. L'église est très belle et possède une grande valeur, mais j'épargnerai au lecteur la description de détails que je n'eus pas l'opportunité d'étudier. Elle est faite d'une nef romane, datant de la fin du onzième siècle, et d'un chœur et de transepts gothiques remontant, eux, au quatorzième siècle. Enfermée dans la citadelle comme un coffret précieux dans une vitrine elle donne, du moins la donnait-elle à cet instant, l'impression d'être doublement sacrée. Après l'avoir quittée et avoir franchi la double enceinte, je me suis permis, pour mon plus grand bonheur, un autre tour de la Cité. C'est certainement cette impression générale qui frappe le plus, l'impression que l'on a depuis l'extérieur, quand la forteresse apparaît dans son ensemble, se détachant sur le paysage. Dans la chaleur du crépuscule méridional elle ressemble plus que jamais à une cité de conte de fées. Pour rendre la chose plus parfaite, une jeune lune blanche, dans son premier quartier, apparut pour se poser juste au-dessus de sa sombre silhouette. C'était dur de partir, de se priver d'un tel plaisir pour quelque chose d'aussi trivial qu'un horaire de chemin de fer. J'aurais pour mon plus grand plaisir passé la soirée à déambuler le long des vieilles murailles. Mais je m'étais engagé dans une certaine mesure à rejoindre Narbonne, et ce nom avait un écho assez magique pour me donner l'énergie nécessaire : Narbonne, la plus riche cité de la Gaule romaine.

Narbonne

À Narbonne je parvins à me loger dans la maison d'un *serrurier mécanicien*, et je me trouvai fort satisfait de cette disposition. J'eus cependant la mauvaise fortune d'arriver tard dans la soirée, quasiment à la nuit, dans l'ancienne cité, la veille du jour de marché ; or le jour de marché est une affaire des plus sérieuses à Narbonne. Les auberges à cette occasion débordent de négociants en vin ; en effet, tout le pays alentour, quasiment voué au seul culte de Bacchus, a, jusqu'ici, échappé au phylloxera. Cet ennemi mortel du raisin a gagné de nombreuses places dans le Midi ; vignes flétries et propriétaires ruinés sont la règle. Les signes de détresse se font de plus en plus évidents au fur et à mesure que l'on avance vers la Provence, de nombreuses vignes sont noyées dans l'espoir d'enrayer le fléau. Certaines régions, cependant, ont échappé au désastre et les marchands de vin ne manquent pas d'affaires à Narbonne. La vente du vin semble être d'ailleurs la seule préoccupation des Narbonnais ; tout le monde a son mot à dire sur l'ampleur de la moisson d'or qu'il a permise. « C'est inouï, Monsieur, l'argent qu'il y a dans ce pays. Des gens à qui la vente de leur vin rapporte jusqu'à 500 000 francs par an ». Ce petit discours que me tint un commensal à l'auberge donne le ton de ces révélations. Il faut dire que rien dans les apparences de la ville ou de ses habitants ne laisse supposer la possession de tels trésors. Narbonne est une *petite ville sale*, dans toute la force du terme, et mon premier sentiment, à mon arrivée, fut le regret, celui de ne pas être resté pour la nuit dans la charmante Carcassonne. Mon séjour dans un lieu aussi délectable n'excéda pas deux heures et je poursuivis mon voyage dans les ténèbres – ténèbres dont l'intensité ne m'empêcha pas de distinguer, au passage, la magnifique silhouette de Béziers, dont les toitures et les tours anciennes, ramassées sur leur aimable colline, avaient un aspect fantastique des plus plaisants. Je ne sais pas à quoi ressemble Béziers quand on le voit de jour, mais il faut reconnaître que de nuit il a fière allure. En sortant de la gare à Narbonne le seul véhicule libre était une espèce de tramway bâtard, un engin conçu de manière à pouvoir circuler sur des rails ; il était équipé de petites roues placées sous son plancher, d'une plate-forme à chaque extrémité, mais, de fait, les roues ne lui servaient qu'à cahoter rudement sur les pavés comme un vulgaire omnibus. Dernière note à la bizarrerie de ce tableau, il était entre les mains non d'un conducteur, mais d'une conductrice. Une jolie jeune femme, avec un sac suspendu à la ceinture, commandait l'accès à la plate-forme ; aussitôt que le véhicule fut plein, elle s'élança en tressautant à travers la ville soulevant des nuages de poussière parmi les plus épais qu'il m'ait été donné de respirer. J'ai eu l'occasion de parler du rôle des femmes en France – de leur façon d'être toujours sur la pente ascendante ; j'avais à cette occasion un bon exemple de leur utilité. La jeune femme conduisit la compagnie entière jusqu'au petit et minable hôtel de France, où certains pouvaient escompter trouver un refuge. Je fus informé, pour ma part, que tout était plein, de la cave au grenier, et que les clients devaient dormir à trois ou quatre par chambre. À Carcassonne je n'avais eu droit qu'à un mauvais lit, mais à Narbonne, apparemment, il me fallait m'attendre à ne pas avoir de lit du tout. Je passai une heure ou deux à

NARBONNE—THE WASHING PLACE

m'interroger, attendant que le destin décide, pour savoir si je poursuivrais jusqu'à Perpignan, si je retournerais à Béziers ou bien encore si je découvrirais un modeste gîte à Narbonne. Je n'aurais pas souffert en vain, cependant, si ma mésaventure empêchait d'autres voyageurs de débarquer à l'improviste, la nuit tombée, sans avoir réservé, dans cette ville, un vendredi soir qui plus est. La retraite vers Béziers, faute de l'avoir prévue, se montrait impossible et je reçus l'assurance que je ne serais pas mieux reçu à Perpignan, que je n'atteindrais qu'après minuit, et où le nombre des négociants en vin n'avait rien à envier à celui de Narbonne. Je m'enquis auprès de divers hôteliers de la ville, avec pour seul résultat des haussements d'épaules désolés. Finalement, à une heure avancée, une des servantes de l'hôtel de France, où je m'apprêtais à prendre mon dîner, vint triomphalement m'annoncer qu'elle m'avait déniché un appartement charmant dans une maison bourgeoise. J'en pris possession avec gratitude, quoique l'entrée ressemblât étrangement à celle d'une écurie et qu'elle fût parfumée par une odeur qui aurait fait trouver suave celle d'une étable. Comme je l'ai dit, mon hôte était serrurier et il usait d'étranges machines qui tournaient et grondaient en dessous de ma chambre. Je dormis néanmoins, en rêvant de Carcassonne. C'était mieux que de rêver de l'hôtel de France.

J'étais forcé de cultiver des relations avec la cuisine de cet établissement. Personne n'aurait pu rêver rien de plus *méridional*; en réalité, cette petite auberge sale et Narbonne dans son ensemble, me semblaient réunir toutes les nuisances du Sud sans en avoir les charmes habituels. Il aurait fallu la plume d'un Alphonse Daudet pour décrire au mieux cet hôtel de France, étroit, bruyant, minable, échappant à tout classement et encombré par un bric-à-brac sans nom. Mais ce qui m'a frappé par-dessus tout c'est l'image du Midi qu'il entend donner – le vacarme d'un bavardage perpétuel. Le propriétaire soupait en compagnie de quelques amis dans une sorte de cage de verre, et il ne manifestait aucune attention envers les nouveaux clients;

les domestiques trébuchaient sur les bagages dispersés dans l'antichambre ; les voyageurs qui n'avaient pu trouver place s'appuyaient mélancoliquement sur le chambranle des portes ; la patronne, quant à elle, au milieu de cette confusion, inconsciente du rôle qu'elle aurait pu jouer, seulement attentive au plaisir de la conversation, échangeait force compliments, à haute voix, avec les *voyageurs de commerce*. À dix heures du matin une table d'hôtes était dressée pour le petit déjeuner – une collation merveilleuse qui débordait dans chaque chambre et embaumait tout l'établissement. Je pris place à côté d'une centaine de marchands affamés, hommes obèses et bruns, pleins de graisse, qui apportaient avec eux, tant dans leurs mains que dans leurs chaussures, de la bonne terre du Languedoc. Je signale ce détail parce qu'ils avaient l'habitude de les exhiber sur la table. Il faisait très chaud, et des nuages de mouches emplissaient les pièces, les viandes exhalaient les odeurs les plus violentes, en particulier une horrible mixture connue sous le nom de *gras-double*, un plat grisâtre, gélatineux et nauséabond dont mes compagnons faisaient leurs délices. Un homme, que j'avais comme vis-à-vis, arborait les doigts les plus sales que j'ai jamais vus ; une telle saleté l'aurait fait chasser, en Angleterre, des tables les plus ordinaires. La conversation était des plus bucoliques ; à la table où je me trouvais, autant qu'il m'en souvienne, elle tournait surtout autour de la servante et de savoir si elle était *sage* – discussion qui se déroulait aux oreilles même de la jeune femme pendant qu'elle apportait les horribles *gras-doubles*, à laquelle elle répondait en rougissant de manière convaincue. C'était parfaitement *méridional*.

En me rendant à Narbonne j'avais beaucoup entendu parler, bien sûr, des vestiges romains ; mais quand je me mis à leur recherche je me rendis compte que j'avais trop espéré. Il n'y a rien de fait qui mérite le moindre commentaire ; le jour de ma visite, en dehors du marché qui s'étalait dans toute la ville, il n'y avait rien d'autre à voir. « Une ville compliquée, curieuse, mais morte », ainsi Murray la définit-il ; je dois avouer qu'elle

m'apparut, quant à moi, trop pleine de vie. Ses rues ne sont faites que de recoins, plus sales les uns que les autres, bordées de maisons n'offrant aucun intérêt; j'y retrouvais, cependant, un vacarme et un bavardage tels que je les avais connus à l'hôtel. Le marché se dressait en partie sur le petit jardin de l'hôtel de ville, édifice qu'une gravure flatteuse de Joanne m'avait poussé à visiter. La réalité offrait moins de charme, la restauration ayant effacé les couleurs d'origine de la façade. Son seul et maigre intérêt réside dans une fine tour médiévale flanquée, à chaque angle, de tourelles, ce qui est toujours quelque chose de pittoresque. Le reste du marché se tient à un autre endroit, aussi bruyant que le premier, le long du canal. Le canal du Midi traverse la ville et, à cet endroit, avec le petit pont qui l'enjambe, il mériterait un dessin. De l'autre côté se tenaient les marchands et les camelots, souvent de vieilles femmes s'abritant sous des auvents ou de grands parapluies, présentant sur de petites tables branlantes des amoncellements de fruits, avec leurs chapeaux blancs, leur visage hâlé, en blouse et en sabots, accompagnées d'un âne. Un autre tableau faisait écho à celui-ci, à leur pied – une longue théorie de lavandières, agenouillées au bord du canal, battaient et essoraient le linge sale de Narbonne – bien peu de chose si on en juge aux vêtements des gens. De nombreux hommes, chenus, déambulaient au long du marché, achetant ou vendant du vin allant tantôt par deux, tantôt en groupes, mais toujours les mains dans les poches, et se rassemblant volontiers à l'entrée des cafés. Ils étaient, pour la plupart, gras, noirs de peau et mal rasés; ils grinçaient des dents en parlant, c'étaient de vrais *méridionaux*.

Les deux seuls lieux présentant quelque intérêt à Narbonne sont la cathédrale et le musée, le dernier étant abrité dans l'hôtel de ville. La cathédrale, complètement cernée par des maisons et dont on est en train de restaurer la façade, est remarquable à double titre. Absolument magnifique, elle est faite essentiellement d'un chœur, de la fin du treizième siècle et du début du siècle suivant. Elle n'est comparable à nulle autre. Son chœur, donc, d'une hauteur extraordinaire, occupe la plus grande partie de l'espace. Je m'assis là un moment, Il n'y avait aucun autre visiteur. J'avais pris en aversion cette pauvre petite ville de Narbonne, qui me semblait aussi prétentieuse que sordide, et j'eus le sentiment que ce lieu m'offrait, comme au Moyen Âge, le privilège d'un sanctuaire. C'est un endroit vraiment très solennel. L'autre particularité de la cathédrale est, qu'à l'extérieur, elle est hérissée de créneaux qui faisaient partie, autrefois, du système de défense de l'*archevêché* qui s'élève à côté d'elle et la relie à l'hôtel de ville. Cette combinaison, très curieuse, d'une église et d'une forteresse, ne manquait pas d'avantages au Moyen Âge. Le palais des anciens archevêques de Narbonne (l'hôtel de ville en occupe aujourd'hui une partie) servait à la fois de refuge et d'arsenal durant les guerres atroces qui ravagèrent le Languedoc au treizième siècle. Les maisons sont tellement imbriquées qu'il est parfois difficile de dire ce qui appartient à l'une ou à l'autre. Le musée occupe plusieurs pièces à l'étage supérieur de l'hôtel de ville, mais ses collections sont des plus médiocres. Il était fermé, mais j'avais convaincu le concierge de me laisser entrer – c'était une personne silencieuse, maladive, portant une coiffe noire, comme une *béguine*, qui passa son temps à tricoter, près d'une fenêtre, tout le temps que dura ma visite. Il y a peu de vestiges romains et ils ne comptent pas parmi les plus beaux ; je dois ajouter que cette impression a été des plus rapides. Il y a, en effet, dans l'une des pièces, une œuvre d'art qui plaide davantage pour le lieu. Il s'agit du portrait (plutôt bien exécuté) d'un citoyen de Narbonne, dont j'ignore le nom, qui passe pour avoir consacré son temps et sa sagacité à rassembler tous les objets que l'on peut voir dans le musée. Cet excellent homme était un connaisseur, et le visiteur, en comparaison, ne peut apparaître que comme un ignare.

Cette.

Montpellier

« Cette, aux maisons blanches étincelantes,
Dont le profil épouse la courbe de la plage
Jusqu'à l'éclair lumineux du phare
Au loin sur la baie. »

Ces vers de Matthew Arnold, qui me revinrent en mémoire, donnèrent un certain prix à la demi-heure que je passai au buffet de la gare de Cette en attendant le train pour Montpellier. J'avais quitté Narbonne dans l'après-midi et n'atteignis Cette qu'à la tombée de la nuit. J'avais ainsi manqué le spectacle des maisons resplendissantes et n'avais eu, pour me consoler, que celui du phare dans la baie, sans compter avec un *bouillon*, consommé dans le buffet évoqué plus haut ; depuis le matin, en effet, je ne m'étais plus aventuré à la table d'hôte de Narbonne. L'hôtel Nevet à Montpellier, que je ne rejoignis qu'une heure après, jouissait d'une solide réputation depuis longtemps dans le sud de la France – se présentant lui-même, je crois, comme *le plus vaste du Midi*. Il m'apparut comme le modèle d'une bonne auberge provinciale ; un établissement plein de coins et de recoins, avec un parquet qui grince, des couloirs sombres et labyrinthiques, un étrange vestibule à ciel ouvert, très ancien, qui devait accueillir sans mal les diligences, au *bon temps*, et un sens de l'hospitalité qu'il eût été impossible de trouver dans les caravansérails modernes. Il date des jours où Montpellier était encore une résidence recherchée par les gens souffrant de faiblesse pulmonaire ; c'est plutôt cette tradition mélancolique, à laquelle s'ajoute la réputation de la séculaire faculté de médecine qui existe encore, même si sa gloire s'est un peu fanée, qui explique aussi bien son ancienneté que l'ampleur de ses dimensions. Les autres hôtels étaient, à l'ordinaire, d'un volume plus modeste, mais l'école de médecine de Montpellier était l'une des attractions de la ville. Bien longtemps avant que l'on n'eût découvert Menton ou inventé le Colorado, les Anglais impotents traversaient la France en chaise de poste ou en diligence, pour passer l'hiver dans un lieu formidable qui leur offrait les avantages du climat et la présence d'une faculté de

renom. Certes, l'air y est des plus doux, mais il y a des degrés dans cette douceur dont on n'avait pas idée et qui, dans une époque plus tournée vers l'analyse, ont entraîné cette marée annuelle loin de Montpellier. Il est certain que l'endroit ne manque pas de charme et qu'il servit au mieux le projet de John Locke qui y séjourna longuement, de 1675 à 1679, en profitant pour se lier avec un visiteur de qualité, Lord Pembroke, à qui il dédia son célèbre *Essai*. Montpellier fait partie de ces endroits où l'on se plaît sans que l'on puisse en expliquer la raison. Certains

points de vue sont tout à fait charmants, comme celui de la promenade du Peyrou, encore que sa disposition ne soit pas exceptionnelle. La ville possède, comme autres avantages, un musée de qualité et les grandes façades de la faculté de médecine, mais ce sont ses seuls véritables trésors. Sa cathédrale fait partie des plus quelconques que j'ai jamais vues, et je ne vois aucun autre monument susceptible de racheter cette médiocrité. L'endroit n'a ni la gaieté d'une ville moderne, ni la solennité d'une cité ancienne, et il est agréable comme le sont certaines femmes pourtant dépourvues de beauté ou d'esprit. Un Italien retiendrait son aspect sympathique, un Allemand conviendrait qu'elle est *gemütlich*. J'ai passé là deux jours, sous une pluie quasiment ininterrompue, mais j'en remporte, malgré cela, une bonne impression. Je pense que l'hôtel Nevet y est pour quelque chose, avec son calme, sa chambre confortable ouvrant sur un jardin, ainsi que le soulagement que j'éprouvai à m'être lavé les mains de Narbonne. Le phylloxera avait détruit toutes les vignes aux alentours de Montpellier, et à ce moment-là, je fus capable de me réjouir à l'idée que je n'aurais pas à déjeuner avec quelque négociant en vin que ce soit.

Le joyau de Montpellier est le musée Fabre qui contient une des plus belles collections de tableaux que l'on puisse trouver dans une ville de province. François Fabre, originaire de Montpellier, y mourut en 1837, après avoir passé le plus clair de sa vie en Italie, ce qui lui permit de réunir beaucoup de pièces de qualité et quelques autres moins bonnes, dont celles qu'il commit. Il avait été le héros d'une formidable aventure, succédant à une personne rien moins importante que Vittorio Alfieri dans le cœur de la non moins célèbre Louise de Stolberg, comtesse d'Albanie, épouse du non moins fameux Charles Edward Stuart, prétendant en second à la couronne britannique. Il n'y eut jamais certainement aucune femme dont les amours fussent liés à des personnages aussi différents – un souverain sans trône, un dramaturge italien et un mauvais peintre français. Les œuvres de M. Fabre, qui entendit marcher sur les traces de

David, sont marquées par une médiocrité sans génie ; il est même impossible de trouver quelque qualité à son portrait de la géniale comtesse (M. Saint-René-Taillandier, qui lui a consacré une biographie, dit qu'elle était délicieuse), accroché aux cimaises de la galerie des offices, à Florence, où il fait pendant à un autre, d'Alfieri celui-ci, dû au même artiste. Stendhal, dans ses *Mémoires d'un touriste*, rapporte que le tableau lui semble représenter une cuisinière aux jolies mains. Je suis ravi d'avoir l'occasion de citer Stendhal dont les deux volumes des *Mémoires d'un touriste* devraient figurer dans les bagages de tout voyageur qui parcourt la France. J'ai eu l'occasion de le faire plusieurs fois car je l'ai rencontré à Tours, à Nantes ou à Bourges ; et, à chaque fois, il livre bonne matière à réflexion. Il a, cependant, le défaut de fuir le pittoresque et de ne se laisser jamais aller à une seule image et son style en devient perversement terne pour un homme si épris de contemplation. Ses fautes de goût sont nombreuses ; elles sont caractéristiques des premières années de ce siècle, période qui a fourni nombre de pièces accommodées d'une sauce sentimentale. Stendhal, sans les admirer, ne fut pas loin d'en commettre. Il avoue son admiration pour Domenichino et Guercino, il apprécie particulièrement les peintres de l'école de Bologne parce qu'« ils parlent à l'âme ». Fervent admirateur du néoclassicisme, il se réjouit à la vue des grands bâtiments, carrés et réguliers, et trouve à Nantes, par exemple, un air de « grande noblesse ». C'était un plaisir de penser que, quarante-cinq ans plus tôt, il avait fait halte dans cette ville, dans l'auberge même où je dormais, qui donne sur la place Graslin et le théâtre. L'hôtel, qui était considéré comme le meilleur en 1837, n'a pas déchu depuis. Les propos de Stendhal sur la Touraine sont des plus piquants ; sans s'embarrasser de précautions oratoires, il déclare que le paysage, sans guère d'attrait, est très surfait. Il ne rend même pas justice aux berges de la Loire, son impossibilité à apprécier le pittoresque – en fait il n'a pas le sens du dessin – lui interdit de goûter le charme d'un paysage qui est trop « tranquille », pour reprendre l'expression en usage chez les peintres, et dont le bonheur ne se révèle qu'aux yeux les plus attentifs. Il méprise même l'Indre, la rivière de madame Sand. En fait, les *Mémoires d'un touriste* semblent sortir de la plume d'un voyageur de commerce, et l'auteur n'a rien à dire sur Chenonceau ou Chambord, pas plus d'ailleurs que les autres châteaux qu'il a pu rencontrer en France. Il n'évoque, systématiquement, que les grandes cités où on peut penser qu'il trouvera un marché nécessaire à ses achats. Son souhait le plus cher était de passer pour un quincaillier. Mais dans les grandes villes il se fait excellent compagnon, encore qu'il ait le même goût excessif pour les digressions que Sterne, et, ce qui reste curieux pour un homme d'une telle imagination, il ne manifeste guère d'intérêt pour les choses les plus banales que ces pauvres pages qui s'offrent maintenant aux lecteurs ont, elles, l'intention d'évoquer. Il est tout à fait persuadé qu'Alfieri, à Florence, ennuyait profondément la comtesse d'Albanie, et il ajoute que ce fameux gallophobe mourut victime de la jalousie du petit peintre de Montpellier. La comtesse légua tous ses biens à Fabre, et je soupçonne que plusieurs tableaux du musée de sa ville natale ornaient jadis les salons ensoleillés de cet ancien palais de l'Arno, qui est encore présenté aux étrangers visitant Florence, comme la résidence d'Alfieri.

L'institution a cependant bénéficié des largesses d'autres bienfaiteurs, en particulier un certain M. Bruyas qui lui a fait don d'un nombre extraordinaire de portraits le représentant. Cependant, comme certains sont de différentes mains, dont certaines célèbres, il est logique de penser que M. Bruyas entendait leur donner plus d'éclat qu'à celui qui leur avait servi de sujet. Il faut distinguer, en tout premier, deux pièces de David Téniers, remarquables par leur éclat et la perfection lumineuse qui préside à leur exécution. J'ai un faible pour ce créateur aussi génial que singulier qui mêle la délicatesse à la grossièreté, et j'en ai rarement vu de meilleurs exemples. Près d'eux est accroché un Gérard Dow qui n'en est pas moins estimable, mais d'un intérêt moindre car ayant trop perdu en fraîcheur. Il représente une femme qui pèle des carottes, pendant qu'un garçon brandit sous son nez une souricière dans laquelle se débat sa victime effrayée. La brave femme a disposé une pièce de linge sur le tonneau qui lui sert de table, et sur cette serviette brune et graisseuse, dont la texture est parfaitement rendue, sont éparpillés les légumes crus qu'elle est en train de préparer pour le repas. À côté de la barrique est posé un grand chaudron dont l'intérieur est de cuivre et les bords de bronze. La façon dont ces choses sont peintes vous tire des larmes et les deux œuvres, le Téniers et le Gérard Dow, donnent bien la mesure du musée Fabre dont elles constituent les joyaux les plus précieux. Les tableaux italiens sont de moindre valeur; il y a bien une pièce de Sir Joshua Reynolds, la seule que possède la France dit-on, *Le Petit Samuel en prières*, apparemment une copie du tableau conservé en Angleterre qui inspira la petite statue de plâtre, répandue dans tout le monde protestant, que nous admirions dans notre enfance. Sir Joshua, d'une certaine façon, a été un peintre protestant éminent; aucun de ceux qui ont vu, à la National Gallery de Londres, la toile où il met en scène plusieurs jeunes femmes aux allures de nymphes, à l'ample drapé, accrochant des guirlandes à une statue, ne peut l'oublier. Ce tableau, tout à fait caractéristique de l'esprit anglican, est exaspérant pour un représentant des races latines. C'est un hasard bien curieux qui l'a fait échouer dans une région française où les protestants n'ont jamais été « bien vus », c'est le moins que l'on puisse dire. C'est le pays où ont eu lieu les dragonnades commandées par Louis XIV et celui des pasteurs du Désert. Depuis les hauts du jardin du Peyrou, à Montpellier, vous pouvez apercevoir les premières collines des Cévennes, où les gens de cette religion se réfugièrent à la recherche de leur salut et où ils furent pourchassés sans répit.

Je n'ai qu'une chose à ajouter concernant le musée Fabre, c'est qu'il contient le portrait de son fondateur. Un petit homme au visage rond, corpulent, avancé dans l'âge, dont le maintien ne donne que de maigres indications sur la puissance qui fait les plus grandes victimes. C'est pourtant un personnage de ce genre qui m'apparut, flânant sur les terrasses du Peyrou, un après-midi d'hiver, dans les dernières années de ce siècle; une silhouette bien en chair, vêtue d'un manteau marron et d'une culotte qui laissait voir de bonnes jambes, une culotte pourvue d'une montre de gousset d'où pendait un lourd sceau. Ce Peyrou (pour en venir enfin à lui) est un endroit merveilleux, que l'on ne s'attendrait pas à trouver dans une ville de province. La France est certainement le pays où les villes s'efforcent de tout offrir; plus que toute autre contrée elle offre comme allant de soi des traits pleins de majesté. Nous n'arrêterions pas d'entendre parler du Peyrou si le sort l'avait placé à Shrewsbury ou à Buffalo. Il est vrai qu'il jouit d'une certaine célébrité locale, amplement méritée au demeurant, au regard de son aspect monumental impressionnant. Il se présente sous la forme d'une «plate-forme en hauteur» pour reprendre les mots de Murray, une immense terrasse aménagée en jardin, au plus haut de la ville, qui doit offrir, de tous côtés, par temps clair, la plus belle vue qui soit. J'y ai déambulé, entre deux averses, et je n'en ai vu que les beautés les plus immédiates – un immense arc de triomphe pompeux élevé à la gloire de Louis XIV (en fait il n'est pas à proprement parler dans le jardin, mais il lui fait face, enjambant la place par laquelle on y arrive depuis la ville), une statue équestre du même monarque érigée sur un piédestal au milieu de la terrasse, et une fontaine très élégante, aux formes compliquées, en arrière-plan de ce tableau. L'eau de la fontaine jaillit d'une sorte de temple hydraulique ou *château d'eau*, que l'on peut gravir par de larges volées de marches, et qui est alimenté par un splendide aqueduc, qui traverse la vallée voisine d'une façon aussi spectaculaire qu'inattendue. Tous ces édifices ont été élevés au milieu du siècle passé. La combinaison de ces différents traits – l'arc de triomphe qui est aussi une porte, la grande terrasse pleine de charme, avec sa vue magnifique, la statue du grand monarque, l'architecture monumentale de la fontaine – ne déparerait pas à Rome, mais elle crée un véritable effet de surprise à Montpellier; la dernière touche étant apportée par l'extraordinaire aqueduc avec sa perspective brisée des plus attrayantes. Tout cela est digne d'une capitale, d'une petite ville royale. L'endroit, avec ses volées d'escaliers, ses balustrades et ses constructions de pierre aussi massives que nombreuses, respire au mieux l'air du siècle dernier, *il sent bien son dix-huitième siècle*. Cela ne m'empêche pas d'être terrifié, quand je découvre, à la lecture de Murray, que là, après l'édit de Nantes, avaient été dressés le billot, le bûcher et la roue pour punir les malheureux camisards.

Le Pont du Gard

Ce fut un plaisir de me retrouver en Provence, ce pays où la lumière du ciel semble imprégner la terre de reflets d'argent. Pour fêter l'événement, aussitôt arrivé à Nîmes, je louai une calèche pour me conduire au Pont du Gard. La journée, particulièrement belle, n'était pas avancée ; il apparaissait évident, pour une course aussi longue et pour éviter tout désagrément, d'en profiter sans attendre. La ville quittée, je me sentais au cœur de ce charme provençal qui m'avait séduit depuis la fenêtre de mon train, splendide dans la douceur lumineuse du soleil qui faisait resplendir les rochers blancs et les petits oliviers, tels des nuages de fumée. Les oliviers, en Provence, comptent pour moitié dans le paysage. Ils ne sont pas aussi grands, aussi vigoureux, ni aussi curieusement torturés, que ceux que j'ai vus de l'autre côté des Alpes, mais cette belle floraison sans couleurs semble exprimer au mieux la nature profonde de cette région. La route de Nîmes est superbe sur une quinzaine de kilomètres, assez large pour permettre le passage d'une armée, elle est immaculée et solide comme une table de salle à manger. Elle s'étire le long de modestes collines qui procurent une sorte d'harmonie, et les courbes qu'elle trace dans ce paysage ouvert et libre, sans aucune haie ni murette – le détail est exquis – ont quelque chose de majestueux, presque de processionnel. Une vingtaine de minutes avant que je n'atteigne la petite auberge qui sert de terminus, mon véhicule eut un accident qui aurait pu être des plus sérieux et qui attira l'attention d'un monsieur qui, suivi de son valet et monté sur un beau cheval remarquable, venait à notre rencontre. Ce jeune homme, de belle allure et aux manières charmantes, qui aurait pu sortir d'un roman d'Octave Feuillet, me donna les meilleurs conseils à propos de l'un de mes chevaux qui s'était blessé, et il fut assez bon pour m'accompagner jusqu'à l'auberge, dont il connaissait bien les ressources pour voir si ses recommandations étaient suivies d'effet. Notre entretien se termina par une invitation à venir lui rendre visite dans un petit château ancien, situé à proximité, qu'il avait le bonheur d'habiter, même si ce n'était pas le plus grand bonheur du monde précisa-t-il, et dans lequel il me proposa de me présenter après que j'eusse consacré une heure à la visite du Pont du Gard. Immédiatement, à peine nous fûmes nous séparés, j'accordai toute mon attention à la superbe construction. Vous en approchez à en être très près sans le voir, puis, tout à coup, le ravin qu'il traverse s'ouvre devant l'admirable tableau, offrant un spectacle de la plus grande beauté. Le ravin en question est la vallée du Gardon que la route suit depuis Nîmes sans qu'on la remarque vraiment, mais qui, à certaine distance de l'aqueduc, devient plus profonde et s'élargit, produisant ainsi un effet des plus impressionnants. La gorge se fait romantique, silencieuse et solitaire ; de grands rochers blancs envahis d'une végétation sauvage surplombent la rivière aux couleurs claires, dont les méandres sont, çà et là, coupés d'un gouffre plus profond. Réunissant les deux côtés de la vallée, semblant affronter le ciel, le pont immense élève ses trois étages. Les mots manquent pour dire tout ce qu'il a d'imposant, et rien ne saurait mieux traduire la romanité. Ses dimensions si imposantes, sa force, son aspect si inattendu, son harmonie monumentale, vous laissent sans voix, vous empêchant de faire autre chose que de l'admirer. Vous sentez

ON THE PONT DU GARD

seulement, devant un tel sentiment de grandeur, qu'il n'y a rien de plus noble et de plus parfait. Un chemin, qui part depuis la route, descend jusqu'au lit de la rivière et passe sous l'une des arches. Ce sentier est bordé de grosses pierres envahies par les herbes qui se sont détachées de la falaise ; vous pouvez en faire un siège et contempler autant qu'il vous plaira les piles aériennes et puissantes du pont. Quoiqu'on y ait installé deux ou trois bancs de pierre, l'endroit a bien conservé son caractère « sauvage ». J'y passai une heure pour mieux ressentir sa nature ; on n'entendait aucun bruit et il était, au moins à ce moment-là, totalement désert ; ce splendide après-midi commençait à décliner et j'étais complètement fasciné par l'objet de ma visite. Mais, dans le même temps, en le regardant, le sentiment me vint d'une certaine sottise et d'une sorte de brutalité. Cette impression est fréquente devant les monuments romains tant les moyens adoptés ne sont pas les plus adaptés aux fins qu'ils visent. Ils sont toujours démesurés et leur résultat dépasse largement le but poursuivi. La rigueur dans laquelle étaient enfermés les Romains leur faisait manquer leur cible, et je pense qu'un peuple qui n'est pas capable de maîtriser les réalisations les plus modestes n'a pas plus de chance de réussir les plus grandes. Le Pont du Gard est le parfait exemple de cette rigidité. Pour autant il serait injuste de ne pas souligner sa beauté, une sorte de beauté virile, comme celle qui affecte un objet dont la valeur d'usage l'emporte sur le plaisir qu'il procure, et dont l'effet ne dépend que de l'échelle qui a présidé à son intention. Le nombre d'arches varie avec les étages ; elles se font plus petites et plus nombreuses au fur et à mesure que l'on monte. L'état de conservation du monument est remarquable, rien ne s'est effondré, pas une pierre ne manque ; tout est dans le même état que le premier jour, les immenses blocs de pierre d'un brun ocre (comme si le soleil, depuis huit cents ans, les avait dorés), les arches elles-mêmes avec leur mortier de ciment, tout est à l'identique. Tout cela pour amener l'eau de deux ou trois sources jusqu'à une petite ville de province ! La canalisation du haut a conservé sa forme et garde quelques traces de l'enduit qui la tapissait. Quand le crépuscule commença à gagner la vallée abandonnée, il sembla que l'ombre même de Rome la recouvrit, comme si ce puissant empire s'élevait encore au pied des piles de l'aqueduc ; et rien n'interdit à un touriste solitaire et sentimental, de penser qu'aucun peuple n'a jamais été aussi puissant et qu'aucun autre ne le sera jamais, si on compare sa grandeur,

comme on le fait pour un individu, à la force dont il a usé pour parvenir à ses fins. Le Pont du Gard fait partie des deux ou trois vestiges parmi les plus importants que nous aient laissés les Romains, et il rappelle leur souvenir d'une manière qui les aurait totalement satisfaits.

Il serait vraiment trop indiscret de révéler avec précision la situation du château du jeune homme si obligeant que j'avais rencontré sur la route de Nîmes ; je me contenterai de dire qu'il s'agit d'un vallon plein de charme – *dans le fond*, comme on dit en France – et que je pus m'y rendre à pied après avoir laissé le Pont du Gard. Les notes retrouvées de mon journal parlent « d'un petit coin adorable ». L'endroit est surtout remarquable par ses deux tours très anciennes, de teinte ocre, et tapissées d'une vigne vierge écarlate. Une de ces tours, que l'on prétend d'origine sarrasine, est un peu à l'écart, ce qui accentue sa puissance, tandis que l'autre, intégrée dans la maison et dont il ne reste que des fragments, est d'une irrégularité délicieuse. J'y parvins assez tard et, à cette heure, le *château* solitaire avait l'air aussi crépusculaire que mystérieux. On appela un vieux gardien qui me conduisit dans le dédale des pièces jusqu'au jeune homme qui me reçut dans un vieux salon mal éclairé, muni de pas moins de quatre cheminées, dont aucune n'était allumée, et là il me régala de fruits et de vin doux. Comme je le félicitai sur son vin, lui en demandant l'origine, il me répondit avec simplicité : « C'est du vin de ma mère ! ». Jamais, durant mon petit voyage, je ne m'étais senti aussi loin de Paris et ce sentiment me réjouit au plus haut point, au contraire de mon hôte qui subissait un exil forcé dont il se consolait en construisant un manège qu'il me montra en me raccompagnant. Je fus très touché par les marques d'une telle courtoisie. En retournant à la petite auberge où j'avais laissé ma voiture, je repassai devant le Pont du Gard et lui jetai un dernier coup d'œil. Les fenêtres de ses grandes arches s'ouvraient sur le crépuscule céleste, et le ravin avec ses rochers, ses cèdres poudreux et sa rivière brillante, était plus désolé que jamais. À l'auberge je bus, ou plutôt j'essayai d'avaler un verre d'un vin détestable, en compagnie de mon cocher. Après quoi, mon équipage recomposé, je repartis vers Nîmes à la clarté de la lune qui ajoutait une touche de blancheur plus solitaire à l'ordinaire miroitement du paysage provençal.

Aigues-Mortes

Le lendemain le temps était si beau qu'il aurait été imprudent de laisser passer une telle occasion de se rendre à Aigues-Mortes. Nîmes pouvait attendre, j'aurais toujours loisir, s'il le fallait, de la parcourir sous la pluie. J'avais l'intuition qu'Aigues-Mortes était un petit joyau et il m'apparaissait naturel de donner à ce bijou la meilleure raison d'étinceler. Il ne faut que peu d'heures pour s'y rendre et c'est un petit train sympathique et familier qui vous amène, juste assez tôt pour y déjeuner, dans cette petite ville morte où le fameux saint Louis embarqua à deux reprises pour se rendre aux Croisades. Vous pouvez, sans mal, être de retour à Nîmes pour le dîner; la course, il vaudrait mieux dire la promenade car le train fait tout sauf se presser, ne prend pas plus d'une heure. J'ai trouvé charmant ce petit voyage que je passai à regarder, depuis la vitre de mon compartiment, les Cévennes qui s'étendaient au loin sur ma droite, où se mêlaient des teintes d'ambre et de bleu, tandis qu'alentour les vignes arboraient les tâches rouges que leur confère le mois d'octobre. Les raisins étaient maintenant cueillis mais on aurait dit que les souches avaient conservé quelque chose de leur couleur. À peu de distance d'Aigues-Mortes, elles laissent place à de vastes marais salants, traversés par deux canaux. Le train parcourt l'endroit en cahotant sur une bande étroite, ne vous offrant un moment que la perspective de l'horizon, alors même que vous savez que vous approchez du but de votre visite. Tout à coup, la ville apparaît, mélange de tours et de créneaux, si basse qu'il semble que le sommet de l'appareil surgisse d'un coup du sol ; et il n'est pas jusqu'au train qui s'arrête avant même que vous ayez eu le temps de prendre la mesure de ses murailles.

Aigues-Mortes s'élève au bord d'un grand étang, une sorte de bras de mer peu profond, dont la rive opposée est séparée, par une étroite bande de terre, de la côte du golfe du Lion. Venant juste après Carcassonne, dont elle constitue l'idéal pendant, elle est la chose la plus parfaite, dans son genre, qui puisse se trouver en France. Elle a bien une rivale en la personne d'Avignon, mais les remparts de celle-ci sont de moindre importance. Comme Carcassonne elle est entourée d'une ceinture de remparts anciens qui sont de nature plus simple (il n'y a qu'une seule enceinte) mais parfaitement conservés. Les fossés ont été comblés et il est possible de représenter le site de la ville comme une table de billard sans poches. Dans cet aspect absolu, envahie par les herbes sauvages, Aigues-Mortes prend toutes les apparences de la ville fortifiée qu'un écolier dessine sur son ardoise, ou celles qui surgissent dans l'arrière-plan des tableaux des primitifs flamands – un simple parallélogramme, au contour absurdement effacé, brisé, çà et là, par des tours d'angle et des trous carrés. Telle est, à proprement parler, cette petite ville si délicieuse qu'il faut la voir pour évoquer son passé glorieux. Elle est extraordinairement pittoresque et si elle n'apparaît que comme la petite sœur de Carcassonne, elle n'en conserve pas moins le même air de famille. En fait, tout en ressemblant davantage à une gravure que Carcassonne, elle semble moins réelle car tout, dans sa situation et sa perspective, la fait se détacher avec encore plus de force de la vie contemporaine. Il est vrai que l'activité d'Aigues-Mortes tourne au ralenti, on y voit bien des sacs de sel concassé entassés dans de grandes barges,

AIGUES-MORTES

amarrées au canal tout proche, qui transportent les cargaisons. Mais il n'y a rien de plus désuet et de plus nonchalant qu'un tel commerce, tel que je l'ai vu mis en œuvre par deux ou trois paysans fortement hâlés s'activant sous l'œil débonnaire d'un douanier solitaire qui déambule sur le petit quai surplombant le mur occidental. « C'est bien plaisant, c'est bien paisible », me déclara ce brave homme dans la petite conversation que nous eûmes. Il est indéniable que l'endroit est agréable et tranquille, encore que la première épithète évoque une certaine forme de gaieté qui fait singulièrement défaut à Aigues-Mortes. Le sable, la mer, la vision monotone de la mer, tout concourt à la faire baigner dans une mélancolie aussi brillante que sereine. Il y a

quinze tours et neuf portes, dont cinq s'ouvrent vers le sud, qui regardent vers la mer. J'en fis le tour à trois reprises, ce qui ne demande guère de temps, mais je m'attardai davantage au long du mur sud où la lumière de l'après-midi s'endormait d'une façon aussi douce que rêveuse. Je m'assis sur un vieux rocher, contemplant les marais salants désolés et la surface de l'étang sur lequel la lumière jetait ses derniers feux. Et ce faisant, je songeai que, parmi leurs possessions les plus remarquables, il avait fallu que deux monarques aussi célèbres que François Ier et Charles Quint choisissent ce petit coin, quasiment hors du monde, pour y tenir leur entretien solennel en 1538. Il n'est pas plus facile de comprendre comment Louis IX, lors de ses

croisades en Terre sainte de 1248 et 1270, ait choisi de faire embarquer son armée en utilisant des canaux aussi rudimentaires. Une heure après, je me procurai en ville un opuscule de M. Marius Topin qui explique cette dernière anomalie par le fait qu'il n'y avait pas assez d'eau dans le port (encore qu'il faille faire preuve de beaucoup de politesse pour user d'un tel mot) pour supporter l'armée des croisés. Je n'ai pas pu retrouver le chenal qu'il évoque, mais j'ai bien voulu croire, non sans plaisir, comme il le prétend, que la mer ne s'est pas retirée de la ville depuis le treizième siècle. Il était réconfortant de penser que les choses n'avaient guère changé depuis. M. Topin ajoute que les autres ports de la Méditerranée n'étaient pas disponibles, et que Aigues-Mortes représentait le meilleur choix possible pour l'embarquement.

Derrière ses hauts murs et ses portes paisibles, cette petite ville n'a pas connu l'état de ruine de Carcassonne. Il serait présomptueux de dire qu'elle est encore vivante, mais si elle est morte au moins peut-on dire qu'elle a été parfaitement embaumée. La main du restaurateur contribue sans cesse à s'y exercer, mais il n'a pas eu ici de miracles à accomplir comme il l'a fait pour Carcassonne. L'intérieur de la ville est immobile et vide, fait de petites rues pavées, de maisons blanchies à la chaux, que hantent seuls un chien, un chat et une vieille femme solitaire. Son centre est occupé par une petite *place*, agrémentée d'une médiocre statue en bronze de saint Louis, due à Pradier, et de deux ou trois cafés ornés de larges bannes. L'impression est presque aussi désastreuse que celle que me laissa le déjeuner que je pris dans une petite auberge qui porte le nom de ce pieux monarque. Vous pouvez parcourir toute l'enceinte, aussi bien à l'extérieur qu'à l'intérieur, mais il ne vous est pas possible, comme à Carcassonne, d'emprunter une partie du *chemin de ronde*, le petit passage qui surplombe intérieurement les remparts. Celui-ci, qui n'offre la place qu'à une seule personne et qui est en très bon état, est accessible par une volée de marches situées auprès de chaque porte, mais, arrivé en haut, une grille fermée empêche de l'atteindre, ou du moins marque-t-elle que son accès est interdit. Aigues-Mortes, néanmoins, possède sa citadelle, une immense tour, bien plus grande qu'aucune des autres, se dressant, un peu isolée, à l'angle nord-ouest de la ville. Je m'enquis du *casernier*, c'est le nom que l'on donne au gardien des fortifications, et, en son absence, c'est sa femme, qui me fit visiter l'imposante tour de Constance ; une personne très gentille et résignée, au visage marqué par les traces de la fièvre jaune, un fléau qui n'a rien que d'attendu dans une ville dont le nom signifie « les eaux mortes », et où la fièvre franchit à sa guise les neuf portes. La tour de Constance, d'une circonférence et d'un aspect massif impressionnants, est faite de trois chambres circulaires superposées, aux voûtes très fines, éclairées par des embrasures d'une profondeur vertigineuse, qui convergent vers des fenêtres à peine plus larges que des meurtrières. Durant des années, après la révocation de l'édit de Nantes, elle abrita des prisonniers protestants méridionaux, et les annales de ces salles sinistres furent écrites, durant la première moitié du siècle dernier, à l'aide de larmes et de sang. Le souvenir de certains des internements dont elle fut le théâtre montre de façon effrayante ce que les hommes peuvent subir ou infliger. Dans une région où une véritable politique d'extermination avait été décidée, cette tour horrible ne pouvait être qu'un auxiliaire de choix. Depuis les remparts de sa corniche, surmontée par un vieux phare désaffecté, vous pouvez distinguer la petite ville rectangulaire qui s'étale à vos pieds, pas plus grande qu'un bout de jardin, et suivre des yeux l'entière silhouette de ses défenses. Vous en prenez possession avec le sentiment que vous ne l'oublierez jamais.

Nîmes

Après cela, il ne me restait plus qu'à me rendre à Nîmes, et je le fis, accordant à l'endroit toute l'attention qu'il semblait mériter. Au risque de laisser croire que je me laisse souvent aller au désenchantement, je dirai que le lieu demande bien moins que ce que je m'apprêtais à lui donner. C'est une ville qui offre deux ou trois centres d'intérêt mais qui souffre de l'absence d'un trait fort commun. De façon générale Nîmes est pauvre, ses seules richesses étant faites de vestiges romains, au demeurant de premier ordre. Les dernières modes françaises font régner leur ordre dans la plupart des rues, les maisons les plus anciennes sont misérables et les plus beaux immeubles sont récents. À côté de mon hôtel s'élevait une grosse église pimpante qui donnait l'impression curieuse d'avoir été conçue pour Brooklyn ou Cleveland. Il est vrai que cette église donnait sur une place tout à fait française, aux dispositions modernes, flanquée d'un côté par un *palais de justice* orné de trois arbres et de quelques murettes, tandis qu'au centre se dressait un groupe de statues allégoriques que l'on ne trouve que dans les villes françaises, une œuvre de Pradier, représentant Nîmes. Une ville anglaise ou américaine qui aurait voulu se parer d'un tel monument l'aurait disposé en un lieu qui soit à la mesure de sa prétention ; mais, comme beaucoup des petites *villes de province* que je décris dans ces notes, Nîmes cède sans résister à l'ornemental. Quoi de plus remarquable que les thermes romains au pied du mont Cavalier et le délicieux jardin ancien qui les enserre ? La fierté de ce quartier de Nîmes est tout à fait légitime et de nombreuses photographies l'ont révélé au monde entier. Les eaux claires et abondantes d'un grand ruisseau jaillissent au pied d'une haute colline, couverte d'arbres, traversée de sentiers, et elles remplissent des bassins qui nous renseignent assez sur l'époque de leur érection, la même que celle qui vit la naissance de ce formidable Peyrou que nous avons tant admiré à Montpellier. Le système de terrasses, d'escaliers et de balustrades est identique, même si les jeux d'eau, qui ne manquent pas d'ingéniosité et de charme, y sont de moindre importance. L'endroit est un mélange parfait de la Rome ancienne et du dix-huitième siècle français car les restes des thermes romains se confondent en partie avec les fontaines modernes. Une petite ruine romaine, considérée comme un temple élevé en l'honneur de Diane, se laisse voir dans un coin de ce petit enclos ombragé, mais il semble bien que ce soit plutôt un *nympheum*, en relation, sans doute à des fins galantes, avec les thermes tout proches. J'appris, à la lecture de Murray, que ce petit temple, remontant au temps d'Auguste, avait été réduit à l'état de ruine en 1577, quand les Nîmois, épouvantés par le siège de la ville par les troupes royales, l'avaient en partie démoli pour que l'ennemi ne puisse l'utiliser. Les quelques vestiges qui ont survécu à la destruction montrent tout le charme qui devait se dégager de l'endroit. J'y passai une demi-heure un dimanche matin parfait (fermé par une haute *grille*, il est soigneusement entretenu et dispose de son propre gardien), et, laissant courir mon imagination, je m'efforçai de le retrouver, un tant soit peu, tel qu'il devait être aux temps gallo-romains. J'ai peut-être tort en disant que *j'essayai*, car j'aurais sans doute reculé réellement devant une telle entreprise. Cependant, quelque chose dans l'air vous communiquait la contagion de l'Antiquité. Parmi les ruines des

NÎMES, THE CATHEDRAL

thermes et des temples, à l'endroit précis où l'aqueduc qui traverse le Gardon de façon merveilleuse se déverse, il me semblait voir surgir le tableau, aux contours indistincts, d'un paganisme splendide. Des thermes romains, des thermes romains ! Ces seuls mots suffisaient à enflammer l'imagination. Tout avait changé, je flânais dans un *jardin français* ; la pente boisée du mont Cavalier (une modeste colline), qui domine l'endroit, est couronnée par une tour sans forme, qui pourrait aussi bien être d'époque médiévale que remonter à l'Antiquité. Et pourtant, appuyé sur le parapet de l'une des fontaines, où une volée de marches incurvées (les Français disent un hémicycle) descendait dans un bassin aux recoins obscurs et frais qui laissait voir à travers l'eau verte et limpide les fondations romaines, je m'abandonnai à la contemplation et à la rêverie, et il me sembla un instant que je me retrouvais plongé dans le passé. De tels instants sont de véritables illuminations et leur éclat brille toujours, dans ma mémoire, confondu à jamais avec l'obscurité verte du jardin de la Fontaine.

La fontaine proprement dite, en fait c'est la source de toutes les eaux, est la plus jolie chose du monde, modèle réduit de celle de Vaucluse. Elle surgit au pied du mont Cavalier, à un point où la pente se redresse, prenant ainsi une allure de falaise, et, comme toutes les autres sources qui s'écoulent de la même manière, elle semble jaillir du rocher dans une sorte de paix frémissante. Je fis l'ascension du mont Cavalier, cela ne prend que quelques minutes, et après avoir accompli ce geste sans gloire, j'en entrepris une autre, escalader la tour Magne, la construction sans âme que j'évoquais tout à l'heure. Le seul intérêt de ce tube sans âge, si l'on oublie l'inévitable collection de photographies que vous propose le gardien, est le point de vue dont on jouit à son sommet. La perspective offerte est bien entendu très belle, mais, à ma grande honte, je dois reconnaître que je n'en ai gardé aucun souvenir car, en fait, pendant que mes regards se perdaient dans la lumière de l'air, il me semblait n'y voir que ce que j'avais aperçu au plus profond des thermes romains, l'image, hélas confuse et floue, d'un monde disparu. Ce monde avait cependant légué à Nîmes plus que quelques vieilles pierres couvertes d'une mousse humide. Les arènes romaines sont les rivales de celles de Vérone ou d'Arles, et, vues à une certaine distance elles rappellent le Colisée. Un petit Colisée, si je peux me permettre le mot, en tout cas en meilleur état que le grand cirque de Rome. La remarque vaut surtout pour l'extérieur des murailles avec leurs arches, leurs piliers et leurs corniches. Je dois ajouter qu'il n'est pas possible de parler de la conservation des arènes de Nîmes sans évoquer aussi leur restauration. Après que l'on ait arrêté de contribuer à leur ruine et de les dépouiller, vint le temps de la protection, et on usa de remèdes modernes pour réparer les dégâts. Mais ceci est affaire d'archéologues, et je sentis ici, comme je le sentirai plus tard à

LA TOUR MAGNE, NÎMES, FROM THE FOUNTAIN-GARDEN.

Arles, qu'il ne reste au profane, devant un tel monument, qu'à sacrifier à l'admiration en tenant sa langue. L'impression la plus forte est celle de l'émerveillement à la pensée qu'un tel ensemble ait pu être conservé.

Ce qui reste à Nîmes après toutes les dégradations reste stupéfiant. Je passai une heure dans les arènes lors d'un dimanche matin, semblable dans sa douceur à celui que j'avais connu dans les thermes romains, et je vis que les couloirs, les voûtes, les escaliers et les grandes structures étaient pratiquement intacts. Ce n'est pas le cas au Colisée, mais sa taille sublime fait passer sur ces détails. Les gradins, à Nîmes comme à Vérone ont été largement restaurés, mais je me rendis compte, comme je déambulais sur le sol frais de l'un d'entre eux, que cela importait peu, et j'admirai la concavité puissante du monument et l'ellipse qu'il dessine contre le ciel, brisée par des blocs de pierre irréguliers, et formant la bordure d'une monstrueuse coupe – coupe qui fut le lieu de multiples horreurs. Je continuais, néanmoins, à réfléchir : je me disais que même si elles comptent parmi les œuvres les plus impressionnantes que l'homme ait pu concevoir, ces arènes romaines reflètent aussi la même stupidité que j'avais déjà constatée lors de ma visite au Pont du Gard. Tout cela est brutal, monotone, sans grâce. Les

ROMAN ARENA, NÎMES

arènes de Nîmes sont aménagées pour recevoir des corridas – sorte de distraction, ai-je appris, qui fait partie intégrante des *habitudes nîmoises,* et qui est très répandue en Provence où, là encore à ce que disent mes informateurs, c'est le passe-temps habituel des après-midi dominicales. À Arles et à Nîmes, elles se déroulent dans un endroit qui leur est propre, mais dans les villages, les organisateurs de ce jeu constituent un cercle fait de charrettes et de barriques sur lesquels se juchent les spectateurs. Je fus surpris de la survivance de ce rite ibérique dans la douce Provence, mais je ne crois pas que la coutume soit plus tolérable à Nîmes ou à Arles au prétexte qu'elle s'y déroulerait avec moins d'élégance et d'éclat. Les taureaux sont rarement mis à mort, et le plus souvent il ne s'agit de taureaux qu'au sens irlandais du terme, soit des vaches domestiques et maternelles. Ce n'est pas cet engouement pour les courses qui donnera aux arènes ce supplément d'âme dont j'ai dit qu'il leur faisait défaut. Quand on veut parler de ce qui est le plus beau à Nîmes on cite toujours la Maison Carrée. Votre première impression quand vous vous trouvez devant cette petite maison délicate, est que vous l'avez déjà vue à plusieurs reprises. Vous avez tellement eu l'occasion d'en voir des photos, des gravures, des maquettes, des médailles, que le plaisir de la curiosité et l'effet de surprise sont, hélas, passablement émoussés. Pour autant cela n'entame en rien l'admiration, une admiration faite de familiarité et même d'un certain sentiment protecteur. La Maison Carrée ne vous écrase pas, vous pouvez en prendre la mesure. Elle ne vous procurera pas l'une des plus grandes émotions que peut susciter l'art antique, mais elle en est l'un des meilleurs exemples et, en dépit de multiples usages aussi surprenants les uns que les autres, elle a été merveilleusement préservée. Ses colonnes élancées, ses proportions délicates, l'harmonie modeste de ses dimensions nous font mieux ressentir l'esprit du siècle où elle a été bâtie qu'une multitude d'arènes ou de ponts, et elles offrent l'avantage de mettre à jour, à travers les âges, l'esprit qui anime les œuvres de goût. S'il était besoin de quoi que ce soit pour faire de ce petit temple aux allures de jouet une réalisation heureuse, il suffirait d'emprunter le boulevard de second ordre qui y conduit, flanqué de cafés un peu minables et de bureaux de tabac. C'est ici, dans un recoin respectable, entourée de maisons quelconques, avec en face le théâtre qui se donne des airs classiques, que se dresse la petite « maison carrée », ainsi dénommée parce qu'elle est plus longue que large. Je la vis d'abord en fin de journée, à la lumière d'un crépuscule qui la

faisait sembler de bronze. Stendhal dit, fort justement, qu'elle a la forme d'une carte à jouer et pour mieux exprimer son admiration il fait le vœu, curieux, qu'une copie à l'identique en soit érigée à Paris. Il va même jusqu'à dire qu'en 1880 on aura rendu raison à ses charmes ; il lui apparaissait comme très simple de réunir dans cette ville « le Panthéon de Rome, quelques temples de Grèce. » Stendhal prenait beaucoup de plaisir à écrire dans le style d'un *commis voyageur* mais il semble quelquefois au lecteur qu'il n'a à faire aucun effort pour cela.

TARASCON. — Tartarin et la Tarasque.
(D'après une vieille estampe conservée à la Bibliothèque de la Ville).

TARASCON

En me rendant de Nîmes à Arles, je fis une halte de trois heures à Tarascon, poussé avant tout par ma passion pour Alphonse Daudet, qui n'a écrit rien de plus génial que *Les Aventures prodigieuses de Tartarin* et le récit du siège, (à vrai dire un récit mythique), de cette petite ville aussi brillante qu'assoupie, dans *Les Contes du Lundi*. Dans la préface qu'il donne pour la nouvelle édition de ses œuvres, commentant l'accueil fait à Tartarin, l'auteur de cette satire, certes extravagante mais tout à fait sympathique, évoque le mécontentement avec lequel l'ont accueilli les Tarasconnais chatouilleux. Daudet rapporte que pour souligner avec humour les traits les plus saillants du caractère provençal, il a choisi Tarascon au hasard ; non parce que ses habitants seraient plus vaniteux par tempérament que leurs voisins, ou parce que leur révolte contre le « despotisme des faits » serait plus affirmée, mais parce qu'il lui fallait simplement choisir une ville provençale bien précise. Tartarin est un chasseur de lions et un amateur de bonnes fortunes, un vrai « produit du Midi », comme le dit Daudet, un personnage plongé dans la plus extraordinaire et fantastique des comédies. C'est un Don Quichotte au petit pied, moins digne mais aussi sincère que lui, et le récit de ses exploits est un chef-d'œuvre de fantaisie débridée. Les Tarasconnais, cependant, refusèrent de se prendre au jeu et laissèrent aller leur colère contre cet usurpateur, se faisant passer pour un enfant de Nîmes, qui aurait été mieux inspiré, affirmaient-ils, en peignant les infirmités de sa propre famille. Je dois avouer, cependant, que, lors de mon passage à Tarascon, je n'ai trouvé aucune trace de cette mauvaise humeur. Le tableau que la ville m'a présenté était très brillant, de bon aloi, dominé par une indifférence aimable. Tarascon s'étale paisiblement au bord du Rhône, en face de Beaucaire qui semble très loin et indépendant, et elle semble consentir sans mal à lui abandonner la gloire qui se rattache au château du bon roi René d'Anjou qui s'avance hardiment dans le fleuve. Parmi les autres traits qui la caractérisent, il faut noter que le lieu semble en proie à une vigoureuse somnolence, comme si la sieste de septembre, qui semblait s'être prolongée en octobre, y durait plus que nulle part ailleurs. Sans oublier que des arcades basses assombrissent les rues qui offrent des perspectives désertes ; il y a aussi une curieuse et belle promenade le long du Rhône, la Chaussée – il s'agit, en fait, d'une digue longue et étroite, qu'une double rangée d'arbres anciens, plantés sur son talus, ombrage à merveille, et dont l'effet était accentué, au moment où je l'empruntais, par une théorie de collégiens qui s'y livraient sans grande ardeur à l'exercice sous la surveillance de deux jeunes prêtres. On peut dire enfin que l'un des traits les plus frappants de Tarascon, comme de toutes les villes disséminées au long du Rhône, c'est le Rhône lui-même, ce grand fleuve brun et capricieux, qui n'a jamais pris le temps d'oublier qu'il était le fruit de l'union d'une montagne et d'un glacier, et qui imagine qu'une telle origine lui accorde les plus grands privilèges. Plus tard, en Avignon, je vis comment il en jouissait, surtout quand il jette dans l'effroi les braves habitants de la vieille cité des Papes.

Le château du roi René sert aujourd'hui de prison locale et le voyageur qui désire en faire la visite doit demander l'autorisation à la mairie de Tarascon. S'il a déjà une bonne

TARASCON

expérience des coutumes françaises, il présentera sa demande de la manière la plus obséquieuse et il lui sera répondu avec une civilité au moins égale. Le château ressemble à une sévère forteresse féodale alors que nous savons que sa construction ne remonte qu'à la première moitié du quinzième siècle ; construction verticale, singulièrement dépouillée, le seul confort qu'il s'accorde est celui destiné à sa défense. C'est un volume simple et carré, à l'appareil fait de petites pierres jaunes, perché sur un socle rocheux qui commande sans mal la rivière. L'édifice, couronné par une imposante corniche, offre les classiques tours rondes à chacun de ses angles et d'immenses parois brûlées par le soleil, percées, à intervalles irréguliers par de petites fenêtres aux lourds barreaux de fer. Ce qui frappe avant tout, et je ne peux dire cela autrement, c'est sa raideur extrême. Ses murs, à pic et inhospitaliers, accentuent l'impression de précipice. Le château a conservé ses douves qui se sont transformées en fossé où croissent les plantes sauvages. C'est dans cette grande forteresse que le bon roi René se retira, vers le milieu du quinzième siècle, jugeant apparemment que c'était le fleuron le plus précieux qui lui restait d'un royaume qui avait jadis englobé Naples et la Sicile aussi bien que la Lorraine et l'Anjou. Ce fut un monarque mis à rude épreuve et qui connut de nombreux revers de fortune, bataillant la moitié de sa vie pour des trônes qui lui échappèrent et aussitôt déchu à peine croyait-il atteindre la gloire. Il adorait la Provence et le souvenir de ses malheurs ne l'empêcha pas de tenir à Aix et à Tarascon une joyeuse cour. Il acheva la construction du château

de Tarascon, commencée dès le début du siècle, préférant conserver les règles architecturales qui avaient prévalu à sa conception, plutôt que de se plier aux modes de restauration qui avaient cours dans sa vieillesse. Il peignait, écrivait, composait des drames, dilettante au sens moderne du mot, passionné de représentations théâtrales privées. L'image qu'il a laissée à la postérité a quelque chose de très attirant. Intelligent et bon, les revers et les souffrances qu'il eut à connaître lui épargnèrent pourtant toute amertume et ne vinrent jamais à bout de son goût du plaisir. Il adorait sa douce Provence et celle-ci, le lui rendant bien, a tissé une légende merveilleuse autour de la mémoire du bon roi René.

J'ai parcouru sa sombre demeure – je pense qu'il lui fallait faire preuve de beaucoup de bonne humeur pour l'égayer – sous la houlette d'un gardien qui me montra toutes les choses que l'on peut s'attendre à trouver dans un château : une cour aussi profonde qu'un puits, une suite d'escaliers à vis, des chambres voûtées, dont l'embrasure des fenêtres et le renfoncement des portes donnaient une bonne idée de l'épaisseur impressionnante des murs. Tout cela se retrouve dans les vieux châteaux et quand on en a parcouru bon nombre, en veillant chaque fois à regarder où l'on met le pied et en évitant de se cogner la tête, on n'arrive plus à les distinguer et à garder un souvenir précis de l'un ou de l'autre, se contentant de les confondre dans les limbes honorables du romantisme. Je dois ajouter, cependant, qu'une telle réflexion ne m'a pas empêché de traverser le pont qui relie Tarascon à Beaucaire,

pour mieux visiter la vieille forteresse dont les ruines font l'attrait de la ville. Elle s'élève sur un rocher bien plus haut que celui de Tarascon et regarde avec une expression mélancolique son homologue qu'elle trouve mieux loti. Sa situation est magnifique et sa silhouette ne manque pas de vaillance. J'ai été bien récompensé par mon pèlerinage, car le château de Beaucaire n'est que partie d'un endroit, qui, par sa position et les perspectives qu'il offre, constitue un tableau inoubliable. Ce fut la place forte des Montmorency dont le courageux duc François – que Richelieu, ne manquant aucune occasion d'humilier la noblesse, fit décapiter à Toulouse – fut le dernier occupant; nous y vîmes d'ailleurs le couteau de boucher dont le cardinal usa pour enlever les épines qui auraient pu gêner la couronne de France. Le château fut virtuellement démoli après la mort de cette victime expiatoire. Il émane du site, sur lequel la nature a repris tous ses droits, un charme extraordinaire. La masse rocheuse dont il émergeait autrefois s'élève bien au-dessus de la ville offrant un aplomb impressionnant du côté du Rhône. Un grand portail de fer rouillé vous permet d'accéder d'un quartier paisible de Beaucaire à un jardin abandonné, à demi sauvage qui a conquis tout le flanc de la colline – c'est devenu la promenade publique des gens de la ville – un jardin sans fleurs, aux petits sentiers escarpés qui serpentent à l'ombre de petits pins rabougris. Il est dominé par la plate-forme à l'herbe dense du château fermée, sur un seul côté, celui du fleuve, par les restes d'un grand mur et un donjon massif. Il y a des bancs, abrités du vent par le mur et d'autres, au bord de la plate-forme qui permettent de jouir de la vue, au-delà du fleuve, de collines pelées et roussies. Un sentiment de douce désolation et de paix éternelle semblait flotter dans l'air. Un très vieil homme, aussi ruiné que le château, émergea d'un coin à demi éboulé pour m'en faire les honneurs, un vieillard, très aimable, obséquieux, chancelant, sans dents et plein de reconnaissance. Il sut me convaincre de monter dans une tour solitaire depuis laquelle on peut voir les eaux les plus troubles du fleuve et depuis laquelle Tarascon n'est

A STREET IN BEAUCAIRE.

qu'une miniature avec les collines nues et chauves qui s'étalent sur ses lointains. On pourrait croire que j'exagère quand j'évoque la nudité de l'horizon provençal, surtout quand on sait la manière dont j'ai évoqué le charme qui émane des hauteurs de Beaucaire. Mais c'est une nudité exquise ; elle ne semble avoir pour but que de faire mieux apprécier la délicatesse des lignes des collines et de toucher avec les yeux, si l'on peut me permettre l'expression, les moindres nuances du paysage. Elle n'a donc pour résultat que d'en mettre en valeur l'éclat et la pureté.

La foire de Beaucaire, une des plus belles foires du sud de la France, était très réputée. Elle a connu le sort de nombreuses foires, même en France, où ces délicieux étalages ont mieux résisté que ce qu'on pourrait le croire. Elle se tient encore au mois de juillet, mais les bourgeoises de Tarascon, pour l'élégance de leurs robes, lui préfèrent le magasin du Louvre, et, en fait, c'est sa longue tradition qui fait la gloire de cette manifestation. Même aujourd'hui, cependant, elle reste la plus jolie de toutes les foires car elle se tient dans un bois charmant, au pied du château, le long des rives du Rhône. Les stands, les baraques, les estrades des bateleurs, la foule colorée et brillante parcourant l'ombre estivale, touchée çà et là par les rayons chaleureux du soleil provençal, doit offrir le plus bel effet. Il est hautement probable, aussi, qu'elle offre une galerie de jolis visages, car les quelques heures que j'ai passées à Tarascon ont suffi pour découvrir tout ce qu'il y a de vrai dans la pureté des traits qui fait la renommée des femmes du *pays d'Arles*. Les rues offraient le spectacle des coiffes arlésiennes et cette coiffure ravissante accompagne si bien l'ovale charmant du visage, un regard aussi sombre que doux, un nez grec et droit, et une bouche digne du reste, qu'elle fait naître une présomption de beauté qui ne laisse d'autre choix que de s'enfuir ou de succomber à sa séduction. Néanmoins, j'ai lu quelque part que Tarascon est réputé pour la beauté de ses garçons, comme Arles l'est pour celle de ses filles. Peut-être aurais-je trouvé que les Tarasconnais ne faisaient pas mentir leur réputation si j'en avais assez rencontré pour vérifier cette assertion. Mais peu d'hommes traînaient dans les rues et l'endroit n'était guère animé. Çà et là, dans l'entrebâillement d'une porte basse on pouvait apercevoir la coiffe noire d'une vieille femme ou d'une jeune fille, mais quant au reste, comme je l'ai dit, Tarascon était plongé dans une profonde sieste. Il n'y avait pas âme qui vive dans la petite église de sainte Marthe, que je me fis un point d'honneur à visiter avant de rejoindre la gare, et qui, avec son beau portail latéral roman et sa flèche gothique, pointue et dentelée, est aussi curieuse qu'il se doit au vu de la tradition dans laquelle elle s'inscrit. Elle se dresse dans un quartier tranquille où l'herbe pousse entre les petits pavés, et vous ne l'atteignez qu'après avoir franchi un long passage voûté. La tradition veut que sainte Marthe y vainquit de ses mains puis attacha à sa ceinture le dragon terrifiant connu sous le nom de Tarasque, et elle rapporte aussi qu'il a donné son nom à la ville, construite sur le lieu même – le socle de pierre sur lequel est bâti le château – où il s'abritait dans une grotte. Le dragon est peut-être le symbole d'un paganisme ravageur vaincu par l'éloquence d'une douce évangéliste. Quoi qu'il en soit, les ossements de cette sainte digne d'intérêt ont été retrouvés, au onzième siècle, dans une cavité au-dessus de laquelle se dresse maintenant son autel. Je ne sais ce qu'il est advenu des restes du dragon.

POSTFACE

Par Patrice Cartier

UN PETIT TOUR EN TRICYCLE

Henry James effectue son petit tour en France en 1882 et le rédige l'année suivante. D'abord publié en feuilleton dans la presse magazine américaine sous le titre En province, *le récit prend son titre définitif* A little tour in France *lors de sa première parution en livre aux USA, chez Osgood & Co en 1884.*

Seize ans plus tard, en 1900, paraissent deux éditions illustrées. L'une aux États-Unis, chez Houghton, Mifflin & Co, l'autre en Grande-Bretagne chez Heinemann. Les illustrations de ces éditions avaient été confiées au peintre Joseph Pennell, Américain comme James, et partageant avec ce dernier un profond attrait pour l'Angleterre et l'Europe en général.

Henry James dans une nouvelle préface écrite à cette occasion, se félicite du choix de Pennell pour ces éditions illustrées, louant le travail du peintre et soulignant la complémentarité du texte et de l'image. Mieux encore, l'écrivain va jusqu'à affirmer que Pennell lui a révélé ce qu'était vraiment son récit: un « livre d'images » offrant au lecteur des notes guidées par un esprit essentiellement pictural, mettant l'accent sur « la perception de surface » plutôt que sur la « perception d'éléments complexes sous-jacents ».

Nous avons repris dans ce volume la majeure partie de ces illustrations, puisant tantôt dans l'édition anglaise tantôt dans l'américaine, en fonction de la qualité d'impression des images. Nous avons eu la chance de retrouver également un article publié en 1890 dans The

Century Magazine, *dont nous avons extrait d'autres gravures de Pennell, réalisées lors d'un voyage dans le Midi de la France en 1888.*

James et Pennell ont donc cheminé séparément. Inutile de revenir sur la manière de voyager de James, décrite dans son propre récit et analysée dans la préface de Jean-Pierre Piniès. En revanche, il convient de souligner la singularité de Joseph Pennell, fervent adepte de bicyclette et de tricycle, qui s'est ainsi déplacé à plusieurs reprises en France et en Italie.

La femme de Joseph Pennell, l'écrivaine Elisabeth Robins Pennell, voyageait souvent avec lui, à bicyclette lorsqu'il était à bicyclette, et parfois juchée sur un siège fixé au guidon d'un énorme tandem à trois roues, lorsque son excentrique époux avait la fantaisie de circuler au moyen de cet invraisemblable vélocipède.

On imagine la tête de l'autochtone sudiste ou transalpin voyant débouler un tel équipage au détour d'un chemin de campagne !

Joseph Pennell fut d'ailleurs arrêté plusieurs fois lors de ses voyages en France, accusé d'espionnage et même brièvement emprisonné à Avignon puis à Beaucaire, alors qu'il dessinait tranquillement le croquis qu'on peut voir à la page 107. C'est sûr, pour le brave agent provincial, cet étranger se déplaçant de si étrange façon en bicyclette ou en tricycle pour crayonner des relevés topographiques ne pouvait être qu'un espion !

À notre connaissance, la plupart de ces illustrations n'avaient jamais été publiées en France. Deux autres images du présent livre ne sont pas de Pennell mais d'artistes non identifiés : la vue de Cette (Sète au XIXe siècle) et celle de Tartarin de Tarascon avec la Tarasque, qui provient d'un volume d'Alphonse Daudet traduit en anglais par Henry James en 1890.